ie Shu Zai Chenbuzhuqi shang

别输在沉不住气上

郑一◎编著

送给年轻人的处世哲学书

世界太浮躁，做人要低调；才高而不自诩，位高而不自傲
少张扬，不逞强；看时局，懂进退

中国纺织出版社

内 容 提 要

人生中大部分的事都需要等待和忍耐，心浮气躁、急于求成是年轻人的大忌。沉住气能让你积攒力量、看明方向、等待时机，一蹴而就。

本书结合现实生活中的诸多场景，从稳住心神、理清思绪、懂得取舍、低调做事、从容不迫、少讲多做、审时度势、高瞻远瞩、淡然处世等多处细节入手，告诉年轻人在不同情况下该如何沉稳地面对生活中的琐事。简洁的笔触，贴近生活的实例，让读者掌握权衡利弊、把握分寸的处世智慧，成就精彩的人生。

图书在版编目(CIP)数据

别输在沉不住气上 / 郑一编著. —北京:中国纺织出版社,2016.3(2017.7重印)

ISBN 978-7-5180-2308-0

Ⅰ.①别… Ⅱ.①郑… Ⅲ.①人生哲学—通俗读物 Ⅳ.①B821-49

中国版本图书馆 CIP 数据核字(2016)第 013396 号

责任编辑:闫 星 责任印制:储志伟

中国纺织出版社出版发行

地址:北京市朝阳区百子湾东里 A407 号楼 邮政编码:100124

销售电话:010—67004422 传真:010—87155801

http://www.c-textilep.com

E-mail:faxing@c-textilep.com

中国纺织出版社天猫旗舰店

官方微博 http://weibo.com/2119887771

北京通天印刷有限责任公司印刷 各地新华书店经销

2016 年 8 月第 1 版 2017 年 7 月第 5 次印刷

开本:710×1000 1/16 印张:15

字数:161 千字 定价:29.80 元

凡购本书,如有缺页、倒页、脱页,由本社图书营销中心调换

前言

谁都有过浮躁的二十几岁

——写给充满理想、急于求成、患得患失的你

在你二十几岁的时候，不，是几乎所有人在二十几岁的时候，总是充满理想，急于求成，又患得患失。

你的理想越是远大，你给自己的压力越大，于是你更加着急，更加计较得失。接下来，你变得心浮气躁，就算是小小的挫折也能把你折腾得手足无措。你越是想证明自己，越是无法证明自己，不甘于付出点滴努力，只想着一鸣惊人。而此时，就算是小小的失败，也能将你打击得粉身碎骨。

或许只有等到你三十“被”立的那一天，你才幡然醒悟，原来二十几岁的时光，是如此的宝贵。

请放下内心的浮躁，来看看这本书里的故事，看看那些闪耀着光芒的名字后面，有着怎样的考验和艰难。在他们二十几岁的时候，也曾和你一样，在重重的阻碍下，差一点就乱了。而他们克服了，做出了明智的选择，可以沉住气，沉下心，不慌不忙地应对，戒除内心的浮躁。

美国著名牧师内德·兰赛姆，在 94 岁临终时留下这样一句遗言：“假如时光可以倒流，世上将有一半的人成为伟人。”

可惜时光不会倒流。所以，你需要早做准备。

心浮气躁是成大事者的绊脚石。

你看那些真正意义上的成功者，都是因为聪敏的心思和沉着的性格使自己一次次从困境中脱逃出来，成为最后的赢家。无论是面对事业上的难题还是生活中的小问题，都应该沉下心来，三思而后行，不可逞一时之强而令自己后悔。

想要一步登天是不现实的。

把你的心沉下来，耐心地经历一切该经历的事，掌握一切自己应该掌握的知识，这样才能在关键时刻，稳住自己的心，做出正确的决策。在机会来临的时候，你才能从容不迫地抓住机会，最终达成所愿。

迷茫的时候要坚定信心，走好脚下的路。

没有谁在二十几岁的时候就可以拥有冷静的思维和长远的眼光。看不清形势的时候低头看看脚下的路，一步一步地走。也许，在下一个转弯处，就会柳暗花明。渐渐地你就会逐渐形成自己特有的风格和气势，拥有统揽全局、不拘一格的气魄。

在你二十几岁的时候，如果你可以沉下心来阅读本书，那么你就争取到了足够的时间去了解自己将来可能会犯的错误，并以此来督促自己、修正自己。如果你已经在社会上摔过跟头，吃过苦头，那么你将对书中所述有更深的体会，让自己明白该怎样去避免曾经犯过的错误，怎样不重蹈覆辙。

不要等到受了许多挫折，吃了很多苦头之后，才逐步看清了现实的真实面目。不要等到多年后消散了激情与锐气，失去无数不可复得的大好机会才明白自己的得失与方向。从现在开始修炼自己，用强大的气场为自己赢取人生梦寐以求的辉煌。

编著者

2015 年 12 月

目录

第 1 章

沉住气，稳住心神，性躁者难成大事

波斯·萨迪说："事业常成于坚忍，毁于急躁。"的确，性情急躁的年轻人很容易因为一时冲动而做出一些不理智的决定，或者因为妄下结论而对他人造成不必要的伤害。这种急躁的性格是万万要不得的。

学会宠辱不惊、稳住心气

二十几岁的年轻人有的为了追求梦想，追逐名利，竟然落得患得患失、疲于奔命的下场。此刻最需要的是锻炼心智、调整身心，拥有“宠辱不惊，看庭前花开花落；去留无意，望天空云卷云舒”的心境，这样才可荡涤世俗的一切烦恼，才能让心沉静下来，获得物我两忘的超脱情怀。

宠辱不惊是年轻人做人的智慧。人生在世，生活中有褒有贬，有誉有毁，有荣有辱，这是人生的寻常际遇，无足为奇。古人有云：君子坦荡荡。为君子者，不妨宠亦坦然，辱亦坦然，豁达大度，一笑置之。得人信宠时不轻狂，受人侮辱时忌激愤。做人稳得住心气，沉住气才能成大器。

古往今来万千事实证明，凡有所成就者无不具有“宠辱不惊，去留无意”这种极为宝贵的品格。

魏晋人物陶渊明之所以被誉为豁达风流之士，就在于其淡泊名利，不以物喜，不以己悲。也正因如此，他才可以用平和宁静的心态写出“采菊东篱下，悠然见南山”这样洒脱飘逸的诗篇。这正可谓真正的宠辱不惊、去留无意。而将这一精神发挥到极致的是唐朝武则天皇帝。这个曾经叱诧风云，创造历史，并最终站在历史至高点的女人，甘愿死后立一块无字碑。千秋功过，留与后人评说。虽一字不着，却尽得风流。这正是另一种豁达，另一种宠辱不惊、去留无意。还有那位著名的社会活动家、杰出的爱国宗教领袖赵朴初先生遗作中写道：“生亦欣然，死亦无憾，我兮何有，谁欤安息，明月清风，不劳牵挂”，这种达观的态度也值得后人敬佩。

“宠”和“辱”关系人格和尊严，也表现了个人良好的自控能力，它是衡量年轻人能否沉住气的标尺。

相传古代，有一个叫百忍的僧人名声极佳。寺院附近有个女孩未婚而生产，女孩的父亲追问她新生儿的父亲是谁，女孩无奈，说是百忍。人们震惊了，狠狠地斥责了百忍，并把孩子送到了寺院。百忍轻轻一笑收下了孩子。许多年后，女孩良心发现，告诉父亲那个小孩的父亲是另一位青年。大家这才知道错怪了百忍，去寺院向百忍道歉并接回孩子，百忍还是粲然一笑！

百忍不愧于他的僧号，对于误解和赞扬都以一笑对之，这种坦然和宠辱不惊的气度是每个进入社会的年轻人都应该学习的。在现实生活中，年轻人如果能够面对高低起落，时刻保持沉稳平和的心态，那他必然能做自己情绪的主人。能够稳住心气，是做人有深度的基本表现，也是古往今来成大事者，必备的一种素质。

“二战”后，以色列建国，有人建议爱因斯坦做国家总统。总统，一个多么诱人的职位！在这熙熙皆为利来、攘攘皆为利往的滚滚红尘中，有多少人梦寐以求却求之不得！然而，爱因斯坦却拒绝了，那是智者平静如水的拒绝。今天，当我们想到他在科学上的巨大建树时，就会首先想到这位科学巨人面对镶满宝石的王冠轻轻摇动的一只手。

像爱因斯坦一样的淡泊名利，沉稳专注，如今的年轻人有几人能够做到？见过一些得势之人，那种得意忘形令人吃惊，何苦？人生在世，宠辱谁都免不了，无论是位高权重者还是凡夫俗子，无论是富可敌国还是家徒四壁，都得在宠辱之间展开自己的人生画卷。能顺其自然地看待宠辱问题，做到宠辱不惊，才叫从容。一个人凭着自己的努力踏实、聪明才智获得了应得的荣誉或爱戴时，应保持清醒的头脑，切莫飘飘然。

宠辱不惊，是我们对待这个复杂世界的一种人生态度、一种处事方式。

须知“布衣可终身，宠禄岂足赖”，一切都是过眼云烟，荣誉终将过去。宠辱不惊，是人生的一种大智慧、大觉悟，有了这种心境，人就能够活得从容了。

年轻人在危机面前，依然泰然自若，视危机为挑战；在流言蜚语面前，能够坦然无愧，走自己的路，让别人去说；在困难挫折面前，尤能愈挫愈勇。这样的人，才能够保持自己的气节、稳住自己的心气，在宠辱不惊中，活出高尚的人生。

成功的路上需要戒骄戒躁

对于初入社会的年轻人来说，看着那些功成名就、富甲一方的成功人士，往往是又羡慕又嫉妒，而转过头看看自己微薄的薪水，梦想着有出头之日该多好啊！因此不少年轻人动起自己创业、白手起家的心思。确实，现实中不少成功者都是从头开始打拼，白手起家赢得天下的。年轻人有理想有抱负，这是好事，然而如果太急功近利，把成功和财富看得过于重要，往往会出现“物极必反”的结局。

赵景兴白手起家做海鲜生意的灵感是来自于他在农村实习的那段日子。第一次尝试做这行生意时，赵景兴投入 7000 元钱，赔了 2000 元——为了建立自己的诚信形象，他常常打的送货到各酒店，所赔的钱都在路费上。不过他觉得值，基于他自己勤奋地跑业务，拉关系，到后来，赵景兴对海口市的海鲜行情和进货渠道了如指掌，看看虾蟹长得什么模样，他就知道它们的产地。做海鲜生意最忌讳的就是急躁，在大学时，赵景兴常常在凌晨 2 点钟去选货，然后 3 点钟回家睡觉，早上 7 点钟再去学校上课，下了课还要赶去给客户送货。每天忙得不行，但他仍然有条不紊地完成自己的各项安排。得益于此，他在大三的时候就已靠自己赚的钱在海甸岛买了套商品房。

一边上学一边做海鲜生意，赵景兴把握的尺度是不误自己学习。经济利益直接刺激了他去翻课本。“真是书到用时方恨少啊。”赵景兴说，在实践中遇到的困惑太多了，天天要去翻课本，连课堂笔记都快翻烂了。大学毕业后，赵景兴全身心投入商海中。他计划成立一家配货公司，专门做海鲜销售，并在全国各地建起一条稳固的海鲜销售网络，引进新品种，包括野生品种，从而一步步拓宽自己的创业之路。

赵景兴作为一名普通的大学生，能够在平凡的生活中实现自己的创业理想，这与他不急不躁的心态是分不开的。

对于自己创业的大学生和初入社会的年轻人来说，拥有不急不躁的心态，就是掌握了克服创业冒进的制胜法宝。不急不躁的创业心态孕育着无穷无尽的能量，能协助你去开采、去挖掘、去释放自己的能力，在白手起家的道路上不断前行。

白岩从师范毕业没有回老家，而是分配到一个小岛工作，每个月工资不到100元，而当时家里欠债3000多元。思来想去，白岩认为这样下去只会苦一辈子。于是，1993年，白岩带着借来的500元钱，背起了南下的行囊。由于学历不高，加上既无技术，又无专长，一连20天，白岩都没找到合适的工作。后来他没有考虑薪水问题，在一个电话机港资生产企业落下了脚。上班后，白岩一边埋头钻研书本理论，一边潜心学习维修技术。三个月后，白岩成长为技术员。其后，逐步成为高级技术员、助理工程师、工程师。

随着电信市场的迅猛发展，1997年，白岩开始着手IC卡电话研究，同时和5个同事承包了一个开发部，从事电话机锌片贸易。1999年，勤奋经营的白岩掘得了第一桶金，锌片贸易纯赚了30万。这年，白岩和深圳当地两个小老板合伙办起了深圳泰格尔电子有限公司，三年后，却仅剩白岩一个人坚守阵地。2003 年初，白岩凭借自己的勤奋和过硬的产品质量与美国澳特爱电子公司签下了一份 500 台 BP 机的销售订单。2004 年，美国澳特爱电子公司与白岩携手合作，成立了深圳澳特爱电子有限公司。

如今，白岩的公司成了深圳市风景秀丽的石岩湖畔一颗璀璨的明珠，拥有先进的生产设备和完善的质量体系，通过了 ISO9002 国际质量标准体系认证。公司生产的蓝牙系列产品，MP3、MP4 系列产品等远销美国、欧盟和东南亚地区，年出口创汇 100 多万美元。

白岩的成功给了现今的年轻人一些启示，任何成功都需要巨大的付出来成就，成功之前的学习、积累、忍耐是每一个创业者都需要经历的，在这个过程中，只有学会沉住气、不急不躁稳步前进，才能顺利走过漫漫长路，安全抵达成功的彼岸。

尤其对于想要创业的年轻人来说，成功需要戒骄戒躁，平和沉稳的心态是创业成功必备的条件，也只有如此，你才能在风云变幻的市场环境中把握自己；凭借点点滴滴的积累，坚持不懈的奋斗，才能创造精彩，成就全新的自己。年轻人，无论你做的是哪一行，无论你是在为工作苦苦打拼，还是为自己的事业奋斗不息，只要不断努力学习，稳扎稳打，不急不躁，依靠自己的能力，尽力而为，一定能够开创一片属于自己的美好的天地！

耐心是铸就辉煌人生的跑道

小的时候我们就听过挖井的故事，是说一个人在一个地方挖井，挖了一阵没挖出水来，就不再往下挖了。他换了一块地方重新开始，可是挖了半天还是没水，于是他又放弃了那里，再一次选新的地方挖井。如是再三，他最后得出结论，这里的地下没有水。事实上只要他在一个地方一直挖下去就会打出水来。耐心很多时候是决定成败的关键。

现代社会很多年轻人就像这个挖井人一样，看到了一个又一个成功的机会，于是放弃眼前这口井又去挖掘另一口，如此反复，却从来没有成功打出一口井来。成功有时候很简单，只要你在同一个地方坚持下去，耐心等待，你就会成功。

的确，二十几岁的年轻人有许多机会可以去尝试，有许多选择可以去调整，在人生还没有定型的时候你完全可以按照自己的想法去改变，而一旦选定了一个方向，你是否有耐心坚持走完这条路，是否有耐性等待路的尽头出现呢？

富兰克林说："有耐心的人，无往而不利。"一个成功的人在他二十几岁的时候往往是一个有耐心的人，在没有出现理想时机的情况下，他们能够极富耐心地等待，一旦时机成熟，就会立即采取行动。

耐心是每个年轻人都应该具有的成功品质。当你想要耕种一块土地的时候，你费尽心思犁地、播种、浇水、施肥，在这一切做好之后，你还不能立刻收获果实，你还需要等待它的成长、等待它开花结果，甚至结出果子之后，还要耐心等待果实完全熟透，任何中途放弃、置之不理，甚至采取催熟等手段都会破坏果实最好的味道。每个人的成功都和播种、收获是一个道理，想要品味果实的甜蜜，就要耐心等待。

在一个营销报告会现场舞台正中央的位置上，吊着一个巨大的铁球，舞台上放了几把大小不同的铁锤。一位老者介绍了用铁锤把大铁球敲打得荡起来的规则。很快就有两位年轻人抡起大铁锤砸向大铁球，但大铁球却无动于衷。没敲几下，两个年轻人就累得大汗淋漓、气喘吁吁。当人们认为再怎样敲打也无济于事时，那位老者拿起一把小铁锤，对准大铁球敲打起来。

敲一下，停一下，敲敲停停，很有节奏。人们觉得奇怪，用大铁锤尚不能把大铁球敲打得荡起来，难道用小铁锤能把大铁球敲打得荡起来？时间慢慢地过去，10分钟、20分钟、30分钟，台下的人们开始失去耐性，躁动起来，还有不少人开始离场。但那位老者却仍在那里一锤又一锤地敲打铁球，全神贯注的态度依然如旧。大概40分钟后，一位前排的观众突然大叫起来——"球动了！"人们果真发现在小锤的不断敲打下，大铁球开始摆动起来，而且摆动的幅度不小，连吊球的架子都发出了声响。这声响虽然不大，但却震撼了观众们的心灵。最后老者开口了。他只说了一句话：在成功的道路上，你有没有耐心去等待成功的降临？如果不能，你只好无可奈何地去面对失败了。

是啊，没有耐心等待成功的降临，你只好无可奈何地去面对失败了。年轻人一定要牢牢记住这句话，在你将要放弃的时候，在你厌烦了等待的时候，在你为了迟迟不肯到来的成功而心情烦躁的时候，想想这句话，想想这个故事。

在现实生活中，如果一个二十几岁的年轻人没有耐心去坚持做一件事，没有耐心等待成功的出现，那么就注定了一生的失败。就像股神巴菲特所描述的那样：如果你没有持有一种股票10年的准备，那么连10分钟都不要持有这种股票。任何人的成功都不是偶然的，都需要耐心地等待，即使是股神，也需要用耐心来成全自己。耐心是一种坚持，是一种信心，更是一种对人生的缜密考量。

耐心是年轻人成功的必备要素，它比一切聪明才智都重要。任何成功之路都不是一步两步就能够走完的，任何事情都不是能够一蹴而就的，年轻人想要收获成功，只要你迈开脚步踏踏实实地走下去，一定能够推开成功的大门。

安静沉稳的年轻人更容易得到机会

一说到年轻人，大家联想到的肯定是朝气蓬勃、热闹欢快之类的词语。的确，作为一名年轻人，对生活充满热情，对一切事物充满探索的欲望是非常有必要的，这也是促使一个人积极努力奋斗的原始动力。然而在时下很多年轻人都在标榜个性、张扬自我的时候，安静、沉稳的年轻人似乎十分难得，而有些时候，有的工作是非常需要这种人的。张扬的个性可以让年轻人无拘束地展示自我，可以最大限度地引起别人的注意，然而真正放到工作上，安静、踏实、细心，这样的品质似乎更受欢迎，毕竟工作是需要一点一滴的努力做出来的，而不是光靠嘴上的吹嘘。

一家享誉世界的知名企业招聘一名处理琐碎敏感事物的高级职员。在面试的时候，前来的大多数应聘者都在高谈阔论，口若悬河，以求获得公司高层及其他员工的钦佩，唯有一名男子一直在喧哗的环境里沉默着。

正当此时，广播里传出一个微弱的声音：我们想招聘一名有着安静天性以及敏锐观察力的人，听到这个指示的人可以进来拿聘书。这个微乎其微的声音只有他听见了，也只有他拿到了聘书，取得了这个令人羡慕的职位。

二十几岁的年轻人，正是年轻气盛、事事要强的时候，在应聘的时候、在工作中、在面对一些难得的机会时，往往用尽浑身解数想要表现自己，在极为有限的时间里用过多的言语来说明自己的能力，用过于执著的态度来争取机会，却不知道这样的行为往往会弄巧成拙。故事中沉默的男子用实际行动告诉了每一个年轻人，在纷繁复杂的世界里，在嘈杂喧闹的环境中，能保持一份冷静、一份耐心、一份洞察力是多么难得。

有时候，沉默的力量是不可忽视的。在沉默中你才可以发现周围细微的变化，在沉默中你才能够静心思考，在沉默中你才能够洞察他人而不暴露自己，这种沉稳正是一种"大智"。古往今来，成大事者绝不会是那些整天争吵不休、安静不下来的人，因为这样的人没有时间思考，不思考便不会认识到自身的弱点，也就很难做成功一件事。相反，沉稳的人懂得适时的沉默，懂得在沉默中提炼自己的思想，懂得用沉默彰显自己的深度。

古时，曾经有个小国派使臣到某大国来进贡了三个一模一样的金人，皇帝十分高兴。但是小国的使臣提出一道难题：这三个一模一样的金人哪个最有价值？

皇帝思考了很久，试了各种办法，还请来能工巧匠仔细检查，称重量，看做工，都没有发现有任何区别。皇帝十分苦恼，使臣还在宫中等着答案，应该怎么办呢。堂堂一个泱泱大国，如果连这种小事都无法解答，实在有失上邦之仪。最后，一位老大臣想到了方法，解决了这个问题。

使臣被请到大殿参见皇帝，老大臣胸有成竹地拿出三根稻草分别从金人的耳中插入：第一个金人的稻草从它的另一边耳朵出来了；第二个金人的稻草是从它的嘴巴里直接掉出来；而第三个金人，稻草进去后掉进了肚中，没有任何响动。最后老大臣当即说道：第三个金人最有价值！使臣默默无语，点头称是。

同是黄金打造的小人，而沉默不语心中有数者的价值却高于其他。从这一故事中人们可以领悟到一个人的沉稳有多重要。梅特林克说："沉默的性质揭示了一个人的灵魂的性质。"是的，善于沉默的人正是用沉默述说了自己难能可贵的内涵。

对于初入社会的年轻人来说，对待生活和工作的热情是必不可少的，幽默有力的言语是不可或缺的，而懂得适时沉默更是弥足珍贵的品值。年轻人看到自己的优势、展现自己的才华没有错，然而如果只知道表现自己，却从不静下心来看一看周围的人，就会丧失“取人之长，补己之短”的机会，丧失了解自己弱点的机会，同时也会被领导和同事看做是思想浅薄的人。

因而年轻人要学会培养自己安静、沉稳的个性，学着用眼睛观察一切，用耳朵倾听一切，但是却不胡乱评价、胡乱揣测，该说的说，不该说的不说，凡事做到心中有数即可，谨言慎行才能使自己走得更远、更长久，也只有如此，你才能够得到更多的机会去实现自己的理想，成就自己的人生！

年轻人勿冒进，少逞强有好结果

有一种名叫马嘉的鱼，它生活在海里，肉质鲜美，甚为渔人所爱。马嘉鱼潜藏于深海之中，不易捕捉。然而，每到春夏两季生产幼鱼时，成年的马嘉鱼就会随着潮水浮现水面，这就是渔人的大好机会。

行动敏捷、十分聪明的马嘉鱼，只要有一点风吹草动，它会马上逃得无影无踪。但马嘉鱼有个致命伤，便是生性倔强、不知进退。

马嘉鱼的这一弱点被渔人所掌握，并将马嘉鱼赶往一面网中。

马嘉鱼迎着网游了过来，一旦碰到网，就愈朝着网往前行；愈陷愈深，就愈加恼怒，于是鳃也张开了，鳍也展开了。就这样，它被挂在网的眼孔上，结果没办法挣脱掉，只得束手就擒。

马嘉鱼行动敏捷、十分聪明，然而却在触网的一刻昏了头脑，怒气攻心的马嘉鱼盲目逞强，最后终于挂在网眼孔里，逃脱不掉了。仔细想想，现在的年轻人和马嘉鱼的行为很是相似，二十几岁的年纪，正是生命力最旺盛的时期，行动像马嘉鱼一样敏捷，头脑更是十分灵活，做起事来也像马嘉鱼一样，自信满满，只想一味向前冲，却不知道自己的弱点已经被人利用，盲目冒进、不会后退的年轻人最后也只能如马嘉鱼一般陷入困境，无法挣脱。

实际上，就在马嘉鱼触网时，若不逞一时之强就不会一头栽进网里；进了网里，若不生气动怒，鳃鳍齐张，也不会落得个束手无策，挂在网上的下场；若知道进退，也不一定必死。因而，年轻人要汲取马嘉鱼的教训，做人处事时刻告诫自己，不可急躁，不可动怒，不可逞强，不可冒进。

年轻人在社会上打拼，会遇到各种各样的道路，如果只是一味地前进，往往会发现此路不通，如果你已经远远的看到路的尽头是一堵墙或者一个陷阱，而你还是不愿后退，不愿走回头路，那么等待你的只能是无功而返和陷入绝境。人生不可冒进，不可一味猛冲。虽然古人讲"逆水行舟，不进则退"，但是对于聪明的年轻人来说，审时度势还是十分必要的，该退的时候退一步，便能够摆脱困境，不该逞能的时候收敛一下，便能度过一次危机。奋斗是年轻人生命中最重要的主题，在你为未来、为成功而奋斗的过程中，学会用退一步来保全自己也是十分重要的。

田婴担任齐国宰相的时候，有人对齐宣王说："每到年终总结算的时候，大王为何不多花费几天的时间，亲自听取各个地方官员的简报呢？否则，怎么会了解官员的奸邪、优劣呢？"

齐宣王听后，觉得很有道理。田婴当然知道这条冠冕堂皇的"馊主意"，是有人故意冲着他来的，其目的是剥夺他的大权。尽管不动声色，田婴却早已盘算着要让这条"馊主意"破产。因此，就在齐宣王准备亲自听取简报的当天，田婴下令官员们把所有记载官库入账、出纳的种种账目准备齐全，而且要一条一条、事无巨细地逐一向齐宣王报告。

就这样，齐宣王听了整整一个上午，才听了一小部分。吃完午饭后，简报继续，直到晚饭过后，报告的程序还进行不到一半，齐宣王看来已经吃不消了。这时,田婴却对齐宣王说:“这是群臣们一年来日夜操劳忙碌的成果,大王如果能彻夜倾听,对官员们的士气必然是一大鼓舞,有益于他们将来更加勤于政事。”齐宣王听后,同样觉得有道理。尽管齐宣王从善如流地挑灯夜听,但是没过多久,就一再打盹,昏昏欲睡了。最后,齐宣王终于撑不下去了,索性将听简报的事全部交给田婴去处理。

田婴顺水推舟,以退为进,巧妙地达到了保障自己的专权、维护自己利益的目的。这种沉着的智慧是每个年轻人都应该学习的,田婴面对小人的陷害,依然能够做到不发怒、不冒进,稳妥地选择退一步的策略,不损一兵一将,不折一丝一毫便达成了自己的目的。

年轻人总是希望能够自由发展,能牢牢掌控自己的命运,因此,培养自己沉稳的性格是非常重要的。那些成功者做事总是沉稳的,他们善于预知起伏到来的时机,能够看清起伏对人生可能造成的利弊,并根据利弊的大小采取或进或退的应对策略,因而把起伏带来的损失降到最低程度。现代社会的年轻人更是应该如此,在牢牢抓住起伏带来的新机遇时,当进则进,该退即退,快乐自然轻松豁达,站得高,看得远,寓进于退,知退知进,这样你的人生就必然是成功的人生。

做事切忌“敷衍塞责”

“敷衍”、“搪塞”、“有始无终”这样的词大家肯定听过很多,从小老师、父母就会教育我们,做事要“认真仔细”、“有始有终”,不能半途而废、敷衍了事。然而现实生活中,真正能够做到不敷衍、不放弃的却不是很多。对于二十几岁的年轻人来说,无论是敷衍工作还是中途放弃,结果都是白白花费力气，得不到好的回报。所以，年轻人在选择工作或者生活目标的时候，一旦选定就要坚定不移地走下去，认真地走好每一步。

5 年前李川还在一家营销策划公司工作，当时一位朋友找李川，说他们公司想做一个小规模的市场调查。朋友说，这个市场调查很简单，他自己再找两个人就完全能做，希望李川出面把业务接下来，他去运作，最后的市场调查报告由李川把关，完成后会给李川一笔费用。

这的确是一笔很小的业务，没什么大的问题。报告出来后李川看出其中有明显的水分，但他只是做了些文字加工和改动，就把报告交了上去。对李川而言，这事就这样过去了。

有一天，几位朋友拉李川组成一个项目小组，一块去完成北京新开业的一家大型商城的整体营销方案。不料，对方的业务主管明确提出对李川的印象不好，原来这位先生正是那项市场调查项目的委托人。

因果循环，李川目瞪口呆，也无从解释些什么。

这件事给李川以极大的刺激，现在回头来看，当时李川得到的那点钱根本就不值一提，但为了这点钱，李川竟给自己造成了如此之大的负面影响！

对于像李川一样的年轻人来说，千万要吸取教训，不要糊弄任何事，即使是很不起眼的工作。有人说："一个人失败最大的祸根，就是缺少善始善终的精神。"的确，做事虎头蛇尾是工作中的大忌，如果不能坚持完成一件工作，还不如不要开始。

当然，大多数年轻人刚开始走上工作岗位，对工作还是很用心的，对于接手的工作也都能够认真对待，但是这样的劲头能持续多久呢？很多曾经年轻现在已近中年的"过来人"的现状，能够给大家很多警醒。他们也曾经努力工作过，然而在一个工作岗位上久了，对工作程序了如指掌，每天接触的东西大同小异，时间久了就感到腻味了，觉得自己随便一弄就可以了，根本不用花时间去准备。当然这样做的结果是不会出什么大纰漏，也不会有任何大发展，只能庸庸碌碌守着一份工作勉强过活。作为新时代的年轻人，想必是不愿意走前人老路的，更不想一生无所作为，那么在你完成工作的同时，看一看自己是否用心，看一看自己是否用同样的态度始终如一地对待同样的工作，看一看自己曾经的失败是不是因为急躁的敷衍而导致的。都说万事开头难，既然头已经开好了，那还有什么理由半途而废呢？

人生的获得在于每一次的积累，如果从始至终都能够沉稳应对，每一步都走得扎实，那么你的一生必定是完满的。

一位劳碌了一生的老木匠准备退休，他为这家公司做出了很大的贡献。从开始上班的第一天起他就在这里工作，从学徒到当师傅，每一步都走得扎扎实实。

有一天，他告诉老板，说自己的身体不能承担过重的体力劳动了，要离开建筑行业，回家与妻子儿女享受天伦之乐。老板只得答应，但问他是否可以帮忙再建一座房子，老木匠答应了。在盖房过程中，大家都看得出来，老木匠的心已不在工作上了。他用料也不那么严格，做出的活也全无往日水准。老板并没有说什么，只是在房子建好后，把钥匙交给了老木匠说："这是你的房子，我送给你的礼物。"老木匠愣住了，他没有想到，他这一生盖了很多很多好房子，最后却为自己建造这样一幢粗制滥造的房子。

每个人都会为老木匠的结果感到惋惜，然而人生不是儿戏，没有重头再来的机会，粗制滥造的房子建好了，放在那里，就像人生中的败笔一样只能时时撞击你的心灵，却无法从你的心中和你的生命中抹去。试想老木匠如果能够用心地打造最后一座房子，把这座房子当做留给公司的纪念，或者把它作为木匠生涯的纪念，那么他现在所得到的，肯定会使他欣喜若狂。

现实生活中的"老木匠"并不少见，虽然古人曾经很用心地叮嘱后人要

“善始善终”,可依然不能使每个人都这样去做。成功者与普通人在才智和机遇上的差别并不大,很多时候看起来聪明的人日子过得很普通,而那些看起来才智一般的人却取得了令人瞩目的成就,这其中的原因和一个人从始至终的坚持有很大关系。

年轻人,当你对当下的工作感到厌倦想放弃的时候,当你为了挤出一点时间去娱乐而急躁地对工作敷衍了事的时候,当你很用心地去做一件事,却发现还需要很久很久才能够看到未来而想搁置的时候……请想一想老木匠,想一想那些成功的人,想一想你的未来吧。如果你的一生就是一幢房子的话,每一件虎头蛇尾的工作就是墙壁上的一个洞,每一次敷衍糊弄就是屋顶上的一个裂痕,每一次急躁赶工和不用心都会使这幢房子少一根钉子,少一片瓦,那么当这幢房子最终完成的时候,你会以怎样的心情去看待这些缺失呢?

年轻人,汲取教训吧,不要急躁地对待生活,对待工作,静下心来,认认真真地去做每一件事,稳稳当当把每件事做好,把你人生的房子建造得结结实实,让自己的收获是一幢精品房而不是一幢“粗制滥造的危楼”!

聪明人会用冷静化解误会

很多人都听过“冲动是魔鬼”这句话,人们用这句话来警醒自己,遇事不要急躁,不能因为一时冲动便做出决定,因为在这种情况下你就像是被魔鬼附身了,很容易做出一些让自己事后追悔不已的事情来。

年轻人初入社会,无论是在工作中,还是在对待家人、朋友上,都要用一种冷静谨慎的态度去处理与之存在的矛盾和误会。不弄清楚实际情况便急躁地发脾气，冲动地责备对方，很容易伤害他人，也会毁掉你们多年建立起来的感情。很多时候，只要你冷静地思考几秒钟，做出理性的判断，就可以避免造成一次不可挽回的错误。

早年在美国阿拉斯加，有一个年轻人，他与相爱的人结婚，婚后不久，他的太太就因难产而死，留下一个孩子。他的生活开始陷入一片忙乱，他不得不打理许多事情。为了生计他不能丢掉工作，家务又十分繁忙，更重要的是他孤身一人，没有人帮忙看孩子。无奈之中，他决定训练一只狗，让它帮自己一些忙。那只狗聪明听话，经过一段时间的训练能咬着奶瓶喂奶给孩子喝，竟然能把孩子照顾得很好。

有一天，主人外出，临行前留了些食物给它，叫它照顾孩子。他到了别的乡村，遇上突降的大雪，当日不能回来。尽管心中很焦急，但也只能等到第二天。次日早上他赶回家，打开房门一看，到处是血，抬头一望，床上也是血，孩子不见了。他低头看到身边满口是血的狗，就以为是这只狗的狗性发作，把孩子吃掉了。大怒之下，拿起刀来向着狗头一劈，把狗杀死了。

忽然，他听到孩子的哭声，又见孩子从床下爬了出来。他抱起孩子，见孩子虽然身上有血，但并未受伤。他很奇怪，不知究竟是怎么一回事，再看看狗身，它腿上的肉没有了，旁边有一只已死的狼，口里还咬着狗的肉。原来狗救了小主人，却被主人误杀了。

很多人曾经为这条忠实的狗感到悲伤心痛，的确，多么可爱的一条狗啊，宁愿牺牲自己的一条腿去保护小主人，为了主人的安全与狼拼命，然而，就在它兴奋地以为自己立了大功，等待主人奖赏的时候，却因为主人的误解而丢了性命。相信在知道真相后，这个亲手杀掉挽救了孩子性命的忠实的狗的主人，一定也会悲痛欲绝，甚至可能一生都要在愧疚中度过。

年轻人记住这个教训吧，不要让误解、急躁、冲动和不理智做出的决定去伤害周围的人,即使你认为双眼看到的是“真实”的,但也许生活的真相并非如此。有时我们只看到了眼前的现实而看不到现实的面纱下隐藏的真相,所以当你不了解一个人的真实生活,不了解一切事物的真实情况时,就不要妄加评判什么,那会是极其愚蠢而且粗鲁的行为。学会冷静地思考,理智地分析,也许你会发现,事情全然是另外一种景象。有句话叫“三思而后行”,沉稳的行事方法和谨慎的思考态度是一种对自己和他人负责的行为,而这只需你在开口前冷静一点点。

生活中,真正身体上的伤害可能离我们很远,很少有人会去真刀真枪地对峙,但是有时候,不善的言语给人造成的伤害比伤害身体更加厉害,因为那戳穿的是人的心灵。身体的伤口愈合了就不会再痛,但是心灵上的创伤却会在心底隐隐地疼。

年轻人要学会耐心地观察周围的情形,学会耐心地等待他人的解释,学会谅解他人,不要在没有耐心思考的情况下就冲动行事,弄清真相之前千万不要作出伤害别人的举动,千万不要让误会酿成苦果。

有一个男孩有着很坏的脾气,于是他的父亲就给了他一袋钉子,并且告诉他,每当他发脾气的时候就钉一根钉子在后院的围篱上。

第一天,这个男孩钉下了37根钉子。慢慢地每天钉钉子的数量减少了。他发现控制自己的脾气要比钉下那些钉子来得容易些。

终于有一天这个男孩再也不会失去耐性乱发脾气,他告诉父亲这件事,父亲告诉他,现在开始每当他能控制自己的脾气的时候,就拔出一根钉子。

一天天地过去了,最后男孩告诉他的父亲,他终于把所有钉子都拔出来了。

父亲握着他的手来到后院说:你做得很好,我的好孩子。但是看看那些围篱上的洞,这些围篱将永远不能回到从前。你生气的时候说的话将像这些钉子一样留下疤痕。如果你拿刀子捅别人一刀,不管你说了多少次对不起,那个伤口将永远存在。

那些和你产生误会的人,那些让你暴跳如雷的人,那些让人头痛不已的人,那些曾经伤害过你的人,也许是你最好的朋友,是你最亲密的家人,或者是你朝夕相对的伙伴、同事,请以宽容面对他们吧,这样你才会更加成熟明智。

年轻人,耐心地等待一会儿,忍耐一下,让误会化解,冰释前嫌,不要因为一些无法释怀的怨恨就去给别人造成伤害,因为那样也是对自己的一种惩罚,任何伤害的行为都需要用我们良心的不安来做抵押。或许宽容一些,体谅一些,忍耐一下,便是最好的解决方法。转一下头,你会看到更灿烂的阳光。

别为小事抓狂

对于每个初入社会的年轻人来说,考验是无处不在的,不仅仅要面对同事、同行业者的竞争,更要在一些小事面前学会沉着,锻炼自己的从容和处事能力。不要以为只有大事才能决定成败,很多时候小事面前也能真正显示出一个人的本质,也有很多时候,是一些小细节影响了事情的结果。

有些人本是公司的骨干,年纪轻轻就已经担任重要职位,然而却可能因为禁不住一些谣言而感到抓狂,最后做出违法的举动,害了自己一生;也有一些人平时表现都非常好,然而一旦到重要场合就会沉不住气,频频出错;又或者,因为外界的一些小小刺激,便失去了沉着的心,贸然出手,最后造成不可挽回的损失。年轻人,你是否是这样的人呢?在一些微小的影响面前,你能否沉住气，依然记得自己的主要任务，而不会被打乱阵脚呢？

1965 年 9 月 7 日，纽约。谁也不会想到，一只普普通通的小苍蝇，竟然决定了一场世界台球锦标赛的最终结果。这场世界台球冠军争夺赛，是在路易斯·福克斯和约翰·迪瑞之间角逐的，总奖金是 40000 美元。赛场上的气氛十分紧张。此时此刻，路易斯·福克斯的得分已经遥遥领先了，他只要再得上几分，这场比赛也就可以宣告结束了；而约翰·迪瑞呢，眼看着败局已定，正沮丧地蹲坐在角落里呢。

路易斯·福克斯轻轻地吁了口气，准备做最后几杆漂亮的击球。但就在这个时候，死一般沉寂的赛场里突然飞进来一只苍蝇，绕着球台盘旋着嗡嗡作响，而后径直落在了那颗主球上。

微微地一笑，路易斯·福克斯轻轻挥手赶走了苍蝇，然后重新瞄准了主球。也许，这只该死的苍蝇是成心想跟路易斯·福克斯过不去，只见它嗡嗡盘旋了一阵子，又落在了那颗主球上。围观的人群中顿时发出了一阵紧张的笑声。路易斯·福克斯又挥了挥手，把苍蝇赶走了，随即再度瞄准了主球。没想到，那只苍蝇嗡嗡地飞着，第三次落到了那颗主球上，引得围观的人爆发出一阵哈哈大笑。

路易斯·福克斯有些急躁了起来，这次他没有用手去赶苍蝇，而是直接握起球杆戳了出去。但万万没有想到的是，球杆竟然擦着了那颗主球，从而迫使主球轻轻地向前滚动了一英寸。苍蝇受到惊吓，“嗖”地飞走了，可是路易斯·福克斯已经触及到了主球，也就失去了继续击球的机会。

轮到约翰·迪瑞击球了，只见他充分地利用这一非常幸运的机会，长时间地连续击球直到所有的球全部落入袋子中，从而夺得了台球世界的冠军。失利的路易斯·福克斯急匆匆地离开了赛场，深一脚浅一脚地宛如在梦幻中行走一样。就在第二天的早上，有人在河里发现了他的尸体。

警方解释说：路易斯·福克斯是自杀的，与昨天的比赛失利有着直接的关系……

路易斯·福克的自杀显然是因为比赛失利，而比赛失利却是因为一只小小的苍蝇，为了一只苍蝇而抓狂，最后导致失去生命真的是最得不偿失的事了，年轻人一定要汲取这个教训，莫要被生活中的苍蝇毁了前面的路。

是的，故事给人的教训是深刻的。一只苍蝇间接地影响了一个人的生命，这只苍蝇的力量也着实大了些。可是反过来想，人作为最高级的动物，作为最聪明、最有灵性的动物，竟然让一只苍蝇影响了生命的轨迹，是否很可悲呢？年轻人一定要谨记，无论何时何地，都不能忘记自己的使命，不要为了无关的小事失去了心中的平衡，不要轻易让自己抓狂。正所谓“冲动是魔鬼”，你一时气不过，正是为自己“掘了坟墓”。

对于年轻人来说朝气蓬勃、富有激情是好事，如果不注意控制自己的情绪，在大事面前沉不住气，小事面前容易抓狂，那么激动和激情就会成为你的绊脚石，成为你成功路上最大的阻碍。在你前进的道路上，必须保持一种积极而且正确的心态，不能让一些无关紧要的东西干扰和阻挡了你。稳住心神，踏实地走好每一步，分清事情的轻重缓急，稳稳当当做好眼前事，这样你才能走得顺利，走得长远，也只有这样，你才能让年轻的生命更有价值，让年轻的生活更有意义！

成功不能一蹴而就

在现今的社会上，成功人士的身影到处都是，他们大多顶着名人的光环，过着普通人梦寐以求的生活。成功这个词成为了即将踏入社会的年轻人最大的追求目标，他们怀揣着理想和抱负走上了工作岗位，走上了为理想而奋斗的道路。

年轻人的奋斗是可喜的，年轻时吃点苦，可以让你以后的日子多点甜。可是很多时候，不少年轻人一心想往高处爬，用尽一切手段，却忽略了最基本的做人道理。

汤姆第一回从叔叔手里接过渔竿，跟着他穿过树林去钓鱼。多年的钓鱼经历使叔叔深谙何处鱼最多，他特意将汤姆安排在最有利的位置上。

汤姆模仿别人钓鱼的样子甩出钓鱼线，宛若青蛙跳动似的在水面疾速地抖动渔钩上的诱饵，眼巴巴地等候鱼儿前来索食。好一阵子什么动静也没有，汤姆不免有些失望。

“再试试看。”叔叔鼓励汤姆。

忽然，诱饵消失得无影无踪了。

“这回好了，”汤姆暗忖，“总算来了一条鱼了。”汤姆赶紧猛地一拉渔竿，岂料扯出的竟是一堆水草……

汤姆一次又一次地挥动发酸的手臂，把钓线扔出去，但提出水面时却总是空空如也。汤姆望着叔叔，脸上露出恳求的神色。

“再试一遍，”叔叔若无其事地说，“钓鱼人得有耐心才行。”

突然间，好像有什么东西在拽汤姆的钓线，旋即一下子把它拖入深水之中。汤姆连忙往上一拉渔竿，立刻看到一条逗人喜爱的小鱼在璀璨的阳光下活蹦乱跳。

“叔叔，”汤姆掉转头，欣喜若狂地喊道，“我钓到了一条！”

“还没有哩。”叔叔慢条斯理地说。他的话音未落，只见那条惊恐万状的小鱼鳞光一闪，便箭一般地射向了河心。

钓线上的渔钩不见了。汤姆功亏一篑，眼看快到手的捕获物又失去了。

汤姆感到万分伤心，满脸沮丧地一屁股坐在草滩上。叔叔重新帮他缚上渔钩，安上诱饵，又把渔竿塞到汤姆手里，叫汤姆再碰一碰运气。

“记住，小家伙，”他微笑着，意味深长地说，“在鱼儿尚未被拽上岸之前，千万别吹嘘你钓到了鱼。事情得慢慢来，心急吃不了热豆腐，要想做成大事，需要从点点滴滴的扎实付出开始。”

是的，心急吃不了热豆腐，在事情没有确定成功之前，不要高兴得太早，不要过于自信吹嘘，踏踏实实走好每一步，才是年轻人走向成功的最好办法。

俗话说“一口吃不出个胖子”，成功也不是一蹴而就的，它需要你沉住气，用最大的耐心等待它的到来。就像西天取经，如果光是想拿到经书，悟空只要翻一个跟头就行了，为什么还要唐僧苦苦前行，经历九九八十一难呢？这是因为经书上的文字只是一种记载，真正的“经”应该是在不断地遇到困难战胜困难中感悟出来的，这样的“经”是属于自己的，才是你取得的真“经”。年轻人创业、打拼亦是如此，好的结果固然重要，但是你历练的过程才是人生中最宝贵的财富。年轻人做事切忌心浮气躁，妄想天上掉馅饼，否则即使你占据最好的位置，也永远钓不到属于自己的那条鱼。

人和人相比，并没有太大差别，可为什么取得的成绩却千差万别呢？这是因为，有些人做事沉稳专注，一心一意做一件事情，这样坚持下去怎能不成功？而有些年轻人，做事心浮气躁、左顾右盼，试想你的顾客或者合作者看到你这种状态，会放心地和你合作吗？不要抱怨自己得不到机会，往往是你自己忽视了机会、放走了机会。

就像汤姆起初以为钓鱼是件很简单的事情，只要把鱼饵放到渔钩上，把渔钩投到水里，鱼儿自动便会上钩了？然而事实呢？鱼儿虽然喜欢鱼饵，可也能预感到危险性，不会轻易上钩，如果你此时心浮气躁，你的状态和心情也会通过渔竿和渔线传递到渔钩上，从而给鱼儿一种警示，不要轻易上当；当有些鱼儿真的上钩了，可是不要忘记，你钓上来的是一条活鱼，它也是有求生的本能的，在你没有彻底抓住它的时候，它还有机会逃走，有机会溜掉。

年轻人工作的时候也是一样，要做到心无旁骛，沉稳专注，心思不专一工作不可能做好。农民种地，春天要耕种，松土壤；夏天除草追肥，引水灌溉；秋天收获果实；冬天还要准备来年的种子，事情得一步一步来，任何一步急躁混乱，都会造成一年甚至两年的产量的损失。沉住气，踏实地工作，是年轻人稳步提升的关键，否则你可能会纰漏百出，会给上级留下马虎、不谨慎、不负责的印象，进而影响你的升迁，得不偿失。

第 2 章

沉住气，理清思绪，有思路才有出路

一个头脑清楚、思路清晰的人，即使在黑夜里走路也不会摔倒，而一个思维混乱，抬起脚却不知道该往哪里放的人，即使走在一马平川的路上，也很难走得平稳，这就是思想的重要性，俗话说“思路决定出路”也就是这个意思。年轻人在社会上打拼，不能光凭一股冲劲，还要会思考、会谋划，心中有数才能达到生命的最顶端。

遇事沉住气，分析利与弊

圣人老子曾经这样说过："大的洁白，是知白守黑，和光同尘，故而若似垢污；大的方正，是方而不割，廉而不刿，故谓没有棱角；博大之器，是经久历远，厚积薄发，故而积久乃成；浩大之声，过于听之量，故而不易听闻；庞大之象，超乎视之域，故而具体无形。"这句话的意思是说，一个人要想打破枷锁，有所突破，就不能只计较眼前一时的得失利弊，真正重要的是如何经受长久的磨炼，通过这种有意识的磨练来淡化锋芒、祛除骄躁。但是，老子在上千年前就参透的人生哲学，并没有得到传承。时至今日，还是有很多的年轻人深陷其中，一旦面对问题便失去理智，变得毫无头绪。

曾经有一个牧童，在一次放牧时偶然间发现了森林深处的一间废弃木屋，由于牧童年龄小不知道害怕，好奇心驱使他进入木屋。他发现了原来木屋中堆满了煤。牧童很是好奇，不知道这就是可以卖钱的煤，小心地拿起了一块，他自言自语道："拿回去给牧场主看看，他肯定知道是什么。"他将牛赶回了牧场，又如实地把一天的经历告诉了牧场主，并把煤拿出来给牧场主看。牧场主见多识广，一眼就看出来是煤矿石，欣喜若狂，一把将牧童拉到身边，问储藏煤的木屋在哪里。牧童把木屋的大体位置告诉了他，牧场主马上命令管家与手下直奔木屋，让牧童为他们带路。

牧场主很快就到了木屋，见到了一屋子的煤，他眼冒金光，欣喜若狂，赶忙命令手下把煤装进带来的麻袋中。他们不停地搬运，非要把所有煤全带走才能满足。忽然，一阵轰隆隆的雷声响过后，木屋被闪电击中着火了，牧场主为了贪图利益，被利益冲昏了头脑，连自己的命也丢在了闪电点燃的大火中。

老练的牧场主阅历丰富，并且拥有一个农场，但是在意外之财面前被冲昏了头脑，失去了理智，最终丢掉了性命。可见，“沉住气”看似简单，但是真正能够做到的人却是寥寥无几，即便是活了半辈子的人，也不一定弄明白这个道理。

小陈是一家物流公司的主管，他做事可谓清清楚楚，明明白白，从来没干过一件糊涂事，有什么大事一般小陈自已觉得可以解决的，也不会跟家人商量。

一天，小陈下班回来，在小区门口看见围了几个人，就上前看看怎么回事。原来是一个小伙子在做宣传，主要意思是内蒙古现在有个“万里大造林”的项目，通过老百姓集资买树种，在沙漠上种树，以后长大了成了树林以后，大伙都能分到钱。现场有好几个年轻人当场就掏出上万块钱“入股”，小陈觉得植树造林是好事情，而且还能在以后赚钱，是一举两得的好事，于是赶紧回家把家里的三万块钱拿出来，二话没说就入股了。晚上他把这件事和父母一说，家人马上表示反对，妈妈说电视上关于万里大造林是个大骗局的传闻已经传得满天飞了。小陈一听傻眼了，第二天去社区门口一看，昨天热火朝天的摊子如今已经是人去楼空，小陈赶紧打合同上的电话，也是空号，小陈这下慌神了，赶紧打电话报了警。

过了一个月，警察给小陈送来了追回的三万元钱，并且告诉小陈这个犯罪团伙已经流动作案很久了，而像他这样上当受骗的年轻人也不在少数。他们都是跟小陈的想法一样，觉得植树造林是有益于国家的事情，应该给与支持，还能成倍赚钱，于是就被利益冲昏了头脑，失去了理智，沉不住气，最终导致上当受骗。

有句老话叫做“沉住气，成大器”，这句话体现了我们为人处事所应该具备的一项重要素质——沉住气，保持冷静的头脑。

一时的利益得失不要看得太重，很多时候心浮气躁，急功近利，往往会让事情变得糟糕。而且这种心理是很不健康的，面对利益而失去冷静的头脑，沉不住气，失去理智，进而把事情弄砸了。这是一个恶性循环。

要大智大勇，忌鲁莽行事

这个世界上有这样一种人，他们有着一颗善良纯朴的心，在面对各种生活中遇到的矛盾时，经常是据理力争，甚至为了就事论事而得罪领导也在所不惜。这种正派的为人处世的风格值得提倡，但是，这些人也有很大的不足，那就是他们总是不能顺顺利利地解决问题，甚至有的时候会好心办坏事，不但没能把该解决的问题顺利解决，最后还把别人得罪了。原因就是他们做事沉不住气，行动之前毫无思路可言，仅仅凭着自己的一腔热血，鲁莽行事，我们称之为有勇无谋。

楚霸王项羽有一夫当关万夫莫开之勇，虽然他是一个失败的英雄，但是后来司马迁却称赞他说："当年秦国政治腐败，百姓纷纷起来反抗，项羽在陈涉这个地方领军对抗……前后只花了三年时间，就把秦国灭掉，然后将得来的天下分封给各王侯贵族，成为称雄一方的霸主，虽然最后他失去了霸主的地位，但是他的功绩伟业，是自古以来没有人能做到。"

刘邦做了皇帝以后，在洛阳宫摆设筵席宴请群臣的时候说："我之所以能成功，顺利取得天下，是因为能够知道每个人的特长，并且也懂得如何让他发挥长处。"然后他问韩信对自己的看法。韩信回答说："大王您很清楚自己各方面的才能，其实您心里明白，说到机智与才华，其实是不如项王。我曾经当过一段时间他的部下，对于他的性情、作风、才能，了解得比较清楚。项王虽然勇猛善战，一人可以压倒几千人，但是却不知道如何用人，因此一些优秀杰出的贤臣良将在他手下都没能好好发挥各自的专长。所以项王虽然很勇猛，却只是匹夫之勇，做事不懂得深谋远虑、三思而行。而大王任用贤人勇将，把天下分封给有功劳的将士，使人人心悦诚服。所以天下终将成为大人您的。”

韩信的话可谓是一语道破天机，直接点出了冷静沉得住气的大智大勇与猛冲猛打、草率鲁莽行事的匹夫之勇的根本区别。这恐怕也是楚霸王没能坐稳江山的根本原因吧。

苏轼在《留侯论》中写道：古之所谓豪杰之士者，必有过人之节。人情有所不能忍者，匹夫见辱，拔剑而起，挺身而斗，此不足为勇也。天下有大勇者，卒然临之而不惊，无故加之而不怒，此其所挟持者甚大，而其志甚远也。这几句词的意思是说：普通的勇士遇到了难以忍受的事情时，就会拨出剑来，上去不管三七二十一先拼个你死我活再说，这样的人算不上真正的勇敢。古代称得上豪杰的人，一定具有超越常人的气度和节操。但凡称得上是侠士的人，不仅有大勇，更加难能可贵的是还有大智。

战国时期，有一个叫做张良的人，他在青年时，面对秦王暴政，心里十分不满，有诗句描述为：“不忍忿之之心，以匹夫之力而逞于一击之间”。而后来经老人“倨傲鲜腆而深折之”，使张良“忍小忿而就大谋”，没有为小怒气所挑衅而坏了大局势，最后终于练就了一颗大智慧的心，完成了击败项羽的大业，从“匹夫之勇”成长为“大智大勇”。

苏轼后来研究分析了张良辅佐刘邦的作为，归纳总结出两种勇敢：一种是猛冲猛打、鲁莽行事的匹夫之勇；另一种则是遇事不慌张，沉得住气，理清思路的大智大勇。这种大智大勇者，按他在《留侯论》中的说法是：“猝然临之而不惊，无故加之而不怒，此其所挟持甚大，而其志甚远也。”意思就是说，具有大智大勇这种气节风度的人，其特点是能沉得住气，遇事不慌，虽于生死荣辱之间，仍能慷慨从容，举重若轻，镇静自若。

大智大勇与草率鲁莽的区别就是面对事情时能否真正沉得住气，有一条清晰的解决问题的思路。大智大勇是沉着的，草率鲁莽是沉不住气的。在很大程度上，草率鲁莽会导致成事不足，败事有余。

清晰的思路。找到勇敢而不鲁莽的平衡点是很难把握的，既要大胆地去闯荡，又要做最坏的打算和最好的准备，凡事既要有敢打敢拼的精神，又要沉着冷静，不能仅凭意气用事，也就是说，要冒险，不要冒失。

要当机立断，忌优柔寡断

在处理事情的时候，沉得住气固然很重要，但是就像一枚硬币有两个面一样，任何事物都具有两面性，任何事物都是一把双刃剑。如果在解决问题的时候优柔寡断、婆婆妈妈，就会贻误战机，错失做决定的最佳时机，这同样是不可取的处事原则。

时间倒退到1997年的美国加州。在这个城市里有一位年轻的华人丈夫，他是公司的技术骨干，拥有华尔街上市公司的股票，娶到了美丽聪明的妻子。作为一名在美国的华人，他事业顺利，生活美满，再无他求。每天下班之后他最热衷的事情就是照顾自己别墅前小菜地的菜，带着中国传统文人的情怀，他觉得自己已经达到了陶渊明的境界。

但是这样的悠然却被他的妻子破坏了，在一个阳光明媚的早晨，他的妻子把他菜园里的菜全部拔掉，他下班后很生气地质问妻子为什么破坏他的劳动成果，而妻子非常认真地对他说："我不毁掉菜地，菜地就会毁掉我的丈夫。你是世界顶尖的 IT 专家，我不能让你成为一个婆婆妈妈的加利福尼亚农夫！"

丈夫被妻子的话震动了，他开始重新思考自己人生的方向，并且在妻子的支持下，辞掉美国待遇优厚的工作回国创业，决定要在自己的专业领域成为成功的企业家，而不是高薪打工者。

这位男士就是如今享誉世界的百度公司的 CEO 李彦宏，他的妻子是生物学博士。

如今的百度是世界上排名前三的搜索公司，今天的李彦宏在搜索领域被认为是全世界前三的顶尖技术专家，可是如果他当初没有当机立断地做出那个决定，而是过分地沉住气以至于贻误战机，他就不会成为全世界最大的中文搜索引擎公司的老板。正是因为那时在美国加州夫妻同心、当机立断地决定，让加州少了一个安于小日子的"农夫"，让中国多了一家享誉世界的企业。其实，现实生活中有很多人和李彦宏一样具有成为成功者的潜力，只是这种潜力还没有被挖掘出来，而唤醒这种内在成功力量的第一步，就是当断则断地做出决定。

作出决定其实并不难，难的是能够做出果断及时的决定。果断的决定让李彦宏成为了中国的骄傲；果断的决定让比尔·盖茨成为了成功的传奇。因为果断的决定，使得今天我们把许多看上去不可能的事情变成了现实。

打工皇后吴士宏的故事，可以说是家喻户晓。1985 年，吴士宏还是一个普普通通的护士。当时，为了离开毫无生气可言，甚至都满足不了温饱的护士职业，吴士宏毫不犹豫，毅然选择了辞职。凭着家里的一台收音机，花了整整一年半的时间学完了许国璋英语三年的课程。在练就了娴熟的英语技能以后，吴士宏鼓足勇气，向当时就闻名于世的 IBM 公司投出了简历。到了面试的那天，吴士宏站在五星级标准的长城饭店外，暗暗下定了决心，绝不允许任何人因为任何事情而把她拦在门外，这种对于成功的渴望，让她克服了所有困难。在面试现场，主考官问她会不会打字，从没有摸过打字机的她更是当机立断马上说：会！因为她知道这是一个将决定她的人生走向的决定。

面试结束以后，吴士宏马上向亲友借了 170 元钱，买了一台打字机，从此没日没夜地敲打了整整一星期，最后双手疲惫得连吃饭都拿不住筷子，可是通过她不懈地努力和果断的地抉择，最后奇迹般地敲出了专业打字员的水平。

打工皇后吴士宏的故事，是对果断地作出决定于成功最好诠释，这个真实的传奇故事也反映出了成功人的特质，那就是关键时刻绝不优柔寡断，在冷静思考以后当机立断地作出决定。许许多多的成功者在成功之前，其实也和你一样平庸，但是如果你没有想清楚自己要成功的方法，而只是像没头苍蝇一样到处乱撞，那么你所谓的决定成功，就只不过是一种未经深思熟虑的、鲁莽的决定，就像没有根基的摩天大楼，经不起任何风风雨雨，轻轻一震就会轰然倒塌。

总而言之，果断的决定就像是一把钥匙，它不是万能钥匙，可以保证你一路畅通无阻，但确是到达终点必不可少的一个环节。不论我们做什么事情，在沉住气理清思绪的基础上，千万不能犹犹豫豫、婆婆妈妈，一定要瞅准时机，做出那个可以改变结局的决定。

清晰的思路，正确的战略

现实生活中，我们在处理事情时，能否拥有一个清晰的思路，能否采取正确的战略,都将是决定事情走向和结果的因素。迈克尔·波特说“战略就是创造一种独特、有利的定位,涉及各种不同的运营活动。战略就是在竞争中做出取舍,其实质就是选择不做哪些事情。”无论是对于个人来说,还是对于一个集体(比如说一个企业)来说,理清思路并制定一个整体战略,会决定事情的成败。

著名的戴尔电脑公司的创始人戴尔先生,在最初创业的时候并不想重复其他电脑生产公司的销售方式,所以他一直致力于探索一种更有效的销售方法。在对当时整个计算机市场盈利模式做了冷静地思考以后,他发现直接对客户终端提供计算机是其他计算机生产厂家都没有尝试过的,有可能是一个巨大的商业机会。

事实上戴尔先生正是发现了一个简单并且处于初始环节的问题——如何使客户更为便捷地购买电脑。这也是戴尔计算机公司从初创业起到现在一直奉行的核心理念,或者说根本战略。戴尔计算机生产商直接把电脑卖给终端客户,这样可以消除分销商的加价并且直接将节省的钱还给客户,这样才有了今天如雷贯耳的戴尔公司。

试想如果戴尔先生当初没有沉下心来,冷静地观察当时的计算机市场,也就会跟众多生产商一样埋头生产,但是钱都被中间的分销商挣走了。最简单的问题也是最容易被大家忽略的问题,也是最需要清晰的思路来找寻的,进而才能制定合理的战略,这是一个逐层深入、环环相扣的逻辑问题。我们再看看比尔·盖茨在成功之初是如何制定合理的战略的。

软件行业的特点是软件产品的市场占有率、标准化以及主导性的生意,一旦某种产品拥有了较高的市场占有率,成为了全球标准化产品,企业也会理所当然地成为该行业的主导者,从而无论在成本还是适应性上企业将长期处于不败之地。

当初的比尔·盖茨洞悉了软件行业的特点，看到操作系统软件的巨大商机，首先在 1981 年推出 MS DOS 1.0 版本，并经过漫长的时间把 DOS 的市场占有率提升。在意识到 MS DOS 操作系统的缺陷后，投入巨资开发 Windows 操作系统。1985 年率先推出 Windows 1.0，又在 1990 年独具慧眼地借用 David Culter 两次失败的经验来制造 NT。在 NT 漫长的成熟过程中，他仍继续投资 Windows 3x，发展成为 Win95，Win98。到了 Windows 2000 才以 NT 为基础一统 OS 天下。在这个过程中不断升级换代 Windows，逐渐使它成为一款较成熟、完善的操作系统，同时也使它成为操作系统的标准，最终在市场中获得了绝对的垄断地位。

比尔·盖茨可以说是世界上家喻户晓的成功人士，无数青年都希望自己能够有朝一日像他一样成功。但是，我们更应该看到比尔·盖茨先生在创业之初是如何"拨开乌云、打破坚冰"的。我们都知道比尔·盖茨没有念完哈佛的学业就退学创业了，比尔·盖茨之所以能够获得今天的成功，是因为他能够平心静气地理清思绪，分析局势的利弊并最终制定出最可行高效的战略。这也恰恰是大部分成功人士普遍具有的优良素质。

现在全国最大的中文网上购物网站淘宝网在创立之初，所有的创始人看着将近 1000 万美元的创业基金，开始一起思考公司究竟是要定位在哪里，当时那些创始人的想法是各种各样的，有的定位于做门户，有的定位于做一个知识网站，有的定位于做社区网站，无论是采取哪一种战略定位，都需要投入大量的前期创业基金，淘宝网在第一年烧掉的钱比它在后三年烧掉的钱的总和还要多出很多。后来决策层在经过了冷静的深思熟虑以后，很快想明白了，淘宝网就应该把自己定位在一个零售大卖场，只不过它的店没开在大街上，而是开在了网上而已。如果不是这个合理的战略定位，可能就没有今日在全国市场占有率这么高的淘宝网了。

清晰的思路是贯穿始终的那根主线，无论什么时候都不要忘记沿着这跟主线一直走下去；正确的战略是高度和远见，真正有战略眼光的人，懂得如何通过制定一个合理战略来代替事无巨细和亲力亲为。所以，一个成功人，必须养成凡事冷静思考，制定最合理的战略的意识，有了这样的意识，才会有不断接近成功的可能。

立足于效用，别做无用功

在物理学当中，功是一个量化的概念，通过功的计算公式，得出功的大小，但是功还分成有用功和无用功，如果做的是无用功，那不管你克服了多少阻力，也是白费事。有人说，人生就是一个不断做功的过程，无论你是处于顺境还是逆境，都要不断做功。在面对具体的问题时，如果你沉下心来，冷静思考和观察，看清楚了形势，那你做的各种努力就是有用功；如果你没有通过仔细观察，事情已经进入一个死胡同了，那你不管做多大的努力，对解决问题也是于事无补的。

一次，某著名数学教授去当地的一所中学去调研讲学工作，忙了一上午以后，在休息间，学校领导特意叫来一名学生，说这个学生在学校很出名，有自己的特长，想要请这个数学教授来指点指点。教授一听很高兴，因为数学方面有特长很不容易，教授以为这个学生可能是一个数学奇才，于是让这个学生给自己展示他的特长，只听那个学生口若悬河、滔滔不绝——原来竟然是背诵起圆周率来了。据学校领导说，这个学生冬练三九夏练三伏，经过不懈努力，如今已经能够背出圆周率小数点后200多位！而且现在正准备向300位发起挑战呢。然而，当这个数学教授听完这个学生的汇报背诵后，并没有表现出任何惊喜之情，只是轻叹了一声说：够了，已经很厉害了，不用再背了。

我们学过一点数学的人都知道，圆周率在实际计算中一般仅仅用到小数点以后第二位，即 3.14，最多也是记住 3.1415926 就可以了。如果是搞科研工作需要用到更多位，完全可以去查一些相关资料，需要用到第几位都一目了然，而像这个“神童”花费这么大精力去背诵圆周率真的有必要吗？这就是做了无用功，把这些时间和精力，可以用在学习别的知识上，正是因为这一点，这个教授才会如此无奈地一声叹息，而更多的是对这个学生的可惜之情。

一次，在某频道一档与饮食有关的节目中，请来了一位技艺高超的名厨。主持人介绍了半天这位名厨技艺如何如何高超，吊足了大家的胃口。正当大家准备欣赏厨师高超技艺的时候，荧屏上出现的场景却令所有观众一片愕然——只见该名厨右手提着一把明晃晃的菜刀，左脚踏上方凳，伸手间挽起裤子，将一个拳头大小的土豆放在了大腿上面，在音响师急促的打击乐伴奏之下，以大腿为案板表演起切土豆丝的技艺来了。全场观众拍案叫绝。

我们不得不承认，这个厨师的功夫可谓是练到家了，但是却是无用功，不能做为任何一家饭店推出特色菜。推想一下，如果你去饭店就餐，服务小姐手托菜盘款款走到你的桌前，用甜美的声音介绍：请您品尝本店特色菜，炝拌土豆丝，这道菜的特点是我们的名厨以大腿为案切出来的……不知道谁听了这样的介绍还能吃得下去。厨师们练就的如火纯青的技艺不是没有意义，只是这个技艺的表现形式选择得不对，最多也只能够作为茶余饭后的消遣节目；如果菜的味道不能令顾客满意，那就必须在如何抓住顾客的心方面多用功。

通过沉住气，冷静分析局势，找对思路多做有用功，这个过程并没有我们说得那么简单。有的人以能记住所有的电话号码为荣，甚至连一些与自己毫不相干的电话号码也要强迫自己背下来，目的就为了让人家夸奖自己的记忆力好，借此满足虚荣心；有的人以能背出全部足球或者篮球明星为荣，以为这样就能算作是真的懂球，是真的球迷；还有的人以能背下来整本的新华字典为荣。我们先不论这些人那么做的目的或者动机是什么，也许是虚荣心的驱使，也许是真的把这些挑战行为看作一种乐趣。但是在实际生活当中，这些事情真的毫无意义，统统都是在做无用功。我们在做事情之前一定要沉下心来，弄清楚做一件事情的目的。与其背下所有的电话号码，不如弄清楚哪些人是真正的朋友，哪些人是泛泛之交；与其背下所有的球星的名字，倒不如真正了解一名伟大球星是如何通过不懈努力取得辉煌成就的；与其背下整本新华字典，倒不如弄清楚每一个字的意思和用法。多沉下心来思考问题，寻找思路，借此来多做有用功。

当今这个社会，我们所面对的是如此残酷的竞争，以至于我们无时无刻都不能有一丝一毫的放松，要想安身立命甚至有朝一日出人头地、飞黄腾达，真才实学和寒窗苦读是必不可少的，但是光靠这些是远远不够的，我们还要静下心来思考什么时候做什么事情能够发挥最大的效用，比如应该先解决衣食住行，再考虑花前月下；先解决遮风挡雨，再考虑金碧辉煌；先解决基本温饱，再全力奔向小康。只要我们牢记行动之前先沉住气，大干之前先理清思路，那么我们做的努力都会转化成宝贵的有用功。

遇事忌冲动，冷静并自制

生活中我们经常会遇到各种突发情况，而且很多时候，一些紧急事件是你做梦也不会想得到的。为了在这种突发情况下,我们能够临危不乱,在关键时刻能够沉住气,瞬间理清思路并妥善地处理这些紧急情况,这就要求我们平时多注意培养自己冷静和自制的能力。客观地讲,在突发事件下冷静并且保持自制是一种十分难练就的处事本领,也是最难养成的成功习惯之一,只有能够在危急时刻保持冷静和自制机智的能力,才能抓住成功的机会。

齐达内是历史上最伟大的足球运动员之一,他一生的成就足以载入任何一本足球的史册,但是由于他没有足够好地保持自制,遇突发情况保持冷静的能力,最终没能有一个好的生涯终结,齐达内是过去20年中最伟大的球星,但他结束职业生涯的方式却令人难以想象。在2006年世界杯的决赛的最后一刻,让所有人都至今难以忘怀。

事情是这样的,在2006年世界杯决赛场上,在比赛进行到110分钟的时候,代表法国队征战的队长齐达内在本已经稳操胜券的情况下,因为意大利球员马特拉奇所说的垃圾话侮辱了自己的母亲和姐姐,齐达内感到十分愤怒,索性用头直接顶向对手的胸膛,而狡猾的马特拉奇顺势倒向地面。这一行为被当时就在旁边的助理裁判看得清清楚楚,而可怜的齐达内随之被主裁判伊利宗多出示红牌直接罚下。在齐达内进入休息室的一瞬间,这位一生辉煌的老将的背影成为了世界杯上最令人动容的历史之一。当时全场一片哗然,全世界电视观众恐怕也都被惊得说不出话来,而没有了齐达内的法国队最后也被意大利队上演了大逆转,遗憾的丢掉了本可以到手的大力神杯。

在这场比赛之前,世界上所有关注足球的人都知道这是2006年世界杯的决赛,所有的人都知道那是齐达内的最后一场比赛,是他足球生涯的告别演出。所以很多人花高价买票去现场或者守在电视机前并不是为了看比赛，而是看齐达内足球生涯的华丽谢幕。可是所有人做梦都没有想到最后会是这样一个结局。世界杯决赛结束的那天晚上曾有法国记者撰文指出，这场决赛的红牌将使齐达内的职业生涯历史地位注定无法与球王贝利、马拉多纳等伟大球员达到相同的水平。客观地讲，作为普通人我们当然不能说他不堪屈辱的反应错了，但是作为一个足球运动员，一个职业球星，他应该有职业球员的素养，应该能够临危不乱，沉住气。在场上的时候他的使命就应该是进球，足球比赛以外的其他任何恩怨都可以等比赛结束以后再解决，像齐达内这样采取一种不冷静的方式，就是犯了遇突发情况不能沉住气、做事冲动不经过冷静思考的毛病，这样正好让对手想要通过激怒球员从而影响比赛的算盘得逞，而且从齐达内本身来讲，他这么不理智，这么不懂得自控，也对不起这么多年来支持他的球迷，更对不起他自己。

齐达内的遗憾以最悲情的方式告诉我们：遇突发事件，冷静、自制是多么重要。其实，很多时候阻止成功的最大敌人是我们自己，正是由于缺乏对自己情绪的控制，缺乏沉住气冷静思考的能力，会把许多来之不易、稍纵即逝的机会白白浪费掉。比如在感到愤怒时不能遏制怒火而乱发脾气，这会使周围的合作者望而却步；在情绪消沉时随意放纵自己的萎靡不振，这会错过许多的成功良机。

某公司调来一位新主管，人还没到就有传言说先来的主管是个能人，专门被派来整顿业务。很快新主管开始上班了，但是随着日子一天天过去，新主管却并没有什么惊人的表现，反而却毫无作为——每天彬彬有礼地跟大家打招呼，一进办公室便躲在里面一天都难得出门。那些本来紧张得要死的捣乱员工，发现新主管这么窝囊反而更猖獗了。

很快三个月过去，就在大家都觉得新主管不过如此而感到失望时，新主管却突然发威了，对那些捣乱员工进行整顿，优秀员工则获得嘉奖，他的下手之快和断事之准，与他这三个月里的表现判若两人。到了年终聚餐时，新主管在酒过三巡之后致词说道："相信大家对我新到任期间的表现和后来的大刀阔斧一定感到不解，现在听我说个故事，各位就明白了。我有位朋友，买了栋带着大院的房子，他一搬进去，就将那院子全面整顿，杂草、树一律清除，改种自己新买的花卉，某日原先的屋主来访，进门大吃一惊地问：'那最名贵的牡丹哪里去了？'我这位朋友才发现，他竟然把牡丹当草给铲了。后来他又买了一栋房子，虽然院子更是杂乱，他却是按兵不动，果然冬天以为是杂树的植物，春天里开了繁花；春天以为是野草的，夏天里成了锦簇；半年都没有动静的小树，秋天居然红了叶。直到暮秋，它才真正认清哪些是无用的植物，而大力铲除，并使所有珍贵的草木得以保存。"说到这儿，主管举起杯来说道："让我敬在座的每一位，因为如果这办公室是个花园，你们就都是其中的珍木，珍木不可能一年到头开花结果，只有经过长期的观察才认得出啊！"

这个主管在其朋友处理房子杂草的问题上得到了启发，那就是遇事先沉住气，冷静观察和思考，了解了情况以后理清思路，然后有条不紊地行动。他将这种处事原则用在了人事管理的工作上，获得了成功。

在通往成功的道路上，很多时候我们会碰到意想不到的突发事件，在这种时候无论如何必须控制你的情绪，懂得如何自制。如果不是懂得这个处世哲学，张良不会弯腰给老人捡三次鞋子，韩信不会忍跨下之辱。古希腊思想家亚里士多德曾经说过："人人都会发怒，那是轻而易举的事。不过，发怒要找合适的对象，要恰如其分，要在恰当的时间，还要有合适的目的与方式，这就不是那么容易了。"能够在突发事件下沉住气并控制情绪并且引导自己的情绪的人，是真正具备成功素质的人，这样的人怎么会不成功呢？

遇事要冷静思考，淡定应对

央视著名节目主持人朱军曾经说过：“得意时淡然，失意时坦然”。这句话告诉了我们，不论遇到好事坏事，都应该沉住气，保持冷静来思考问题。在现实生活中，很多时候沉住气、保持冷静不仅仅适用于一些紧急突发情况，在遇到突如其来的好事，或者说是喜从天降的时候，同样要有一颗平常心，这颗平常心就是在面对好事所带来的利益时要保持足够淡定，对事情的走势有一个冷静的分析和足够清晰的思路，别被胜利的喜悦冲昏头脑，这样才能把好的事情处理得更好，有一个完美的结局。

有一个老板招聘雇员，恰巧有三个人都在为找不到工作而苦恼，看到这则招聘信息都十分高兴，迫不及待地来应聘。这个老板看到三个人都很渴望得到这份工作，于是想了一个办法来考验他们是否有冷静的头脑。

老板对第一个应聘者说，楼道有个玻璃窗，你用拳头把它击碎。应聘者执行了，幸好那不是一块真玻璃，不然他的手就会严重受伤。

老板又对第二个应聘者说，这里有一桶脏水，你把它泼到那清洁工身上去。她此刻正在楼道拐角处那个小屋里休息。你不要说话，推开门泼到她身上就是了。这位应聘者提着脏水出去，找到那间小屋，推开门，果见一位女清洁工坐在那里。他也不说话，把脏水泼在她头上，回头就走，向老板交差。老板此时告诉他，坐在那里的不过是个蜡像。

老板最后对第三个应聘者说，大厅里坐个胖子，你去狠狠击他两拳。这位应聘者说，对不起，我没有理由去击他；即便有理由，我也不能用击打的方法。我因此可能不会被您录用，但我也不执行您这样的命令。

此时，老板宣布，第三位应聘者被聘用，理由是前两位有的只是在可能喜从天降时候的轻率鲁莽，而他才是一个足够勇敢而又沉得住气、头脑清晰和有自己的思想的人。

同样都有可能获得这份工作，就是因为在面对利益得失之间不能摆正心态，沉住气用心思考，结果就失去了一次机会。像这样的情况日常生活中经常发生，其实失去了一次机会也并不可怕，但是最重要的是能够从一次次的惨痛经历中吸取教训，逐渐养成遇事沉着冷静、用心思考的处事习惯。

中国有句老话：有再一再二，没有再三再四。我们不能被同一块石头绊倒两次，每一次因为不能保持冷静而吃亏甚至失败，都要及时总结教训，这样才能成长起来。

周亚夫是汉景帝时期的著名大将。当时匈奴经常入侵我国北方边境并且骚扰居住在边界的百姓，汉景帝想到要派遣一位有能力的武将去攻打匈奴，于是要重用大将周亚夫。但是，汉景帝也知道周亚夫因为劳苦功高，有着飞扬跋扈的劣习，因此希望在重用他之前先压压他的傲气。为此，汉景帝精心安排了一场宴席，宴请群臣。但是开宴时间已过，周亚夫还没到来。汉景帝就非常的生气，他悄悄让侍从撤去了周亚夫桌上的餐具。

原来，周亚夫感觉到自己将被重用，又有机会驰骋沙场了，因此有些得意忘形，礼服也不穿，还吩咐车夫“贵客必后至”。入席后，看到没有自己的餐具，大声吆喝随从去拿筷子。汉景帝当庭训斥了他，“我们这里容不下你，你回去吧！”其后，周亚夫因为私自囤积盔甲武器，触法入狱，在狱中绝食而亡，汉景帝不久也吐血而死。

本来汉景帝明明想重用周亚夫，周亚夫也确实想统率三军报效国家，两个人都是想要为国家考虑，本身是一件难得的大好事，是众望所归，可为什么最后却得到这样的结局？倘若，汉景帝能够为了大局暂时放下做皇帝的臭架子，周亚夫身为臣子也少一些张狂，彼此双方都能够沉住气，仔细考虑到底是孰轻孰重，是自己的面子重要还是国家的安危重要，多为对方体谅，多替对方着想，最重要的是多想想大汉的江山社稷，那么这个故事就会换成了另一个结局。

不能冷静思考不仅会把事情办砸，很多时候还会引起不必要的误会，事后当事人能够明白过来固然很好，但是泼出去的水永远收不回来，由此所造成的严重后果，恐怕永远都不能改变了。

有思想，有思路，有出路

遇事不慌乱而沉住气，最重要的是可以让我们理清思绪，找出思路，从而有解决问题的出路。何为思路，思路就是一种思维方式，是人们在实践中沉住气，通过分析事情的走势，判断形势而思考出的解决问题的轨迹。

中国航油（新加坡）股份有限公司（简称“中国航油”）的执行董事兼总裁曾经说过：“思路决定出路，说明决策者的思路如何，与事业的最终成败息息相关，小到一个单位、一个部门，大到一个地区、一个国家都是这样。”无论对个人还是对企业而言，若要在激烈的竞争中立于不败之地，或者至少保持“永不言败”，一定要沉住气，要有清晰、正确的思路。

成立于 1993 年 5 月 26 日的中国航油公司，刚开始只不过是一家从事船务经纪业务的公司，成立不到两年即蒙受了十九万新元的亏损。紧随亏损之后的是公司又经历了两年休眠的挫折。到了 1997 年 7 月中国航油重新启动时，可谓“一穷二白”，既无办公室，又无专业贸易人员，恰巧又碰上亚洲金融危机，市场一片低迷。要开展业务，银行不给资金支持，石油界不给放账，船务公司又要求提前付款。面对重重危机和困难,中国航油没有慌作一团,而是沉住气正视问题,寻找对策。通过冷静地分析自身的条件,充分地调查研究,中国航油决定先找准市场定位,理清发展思路。

很快公司高层就发现:前几年之所以亏损、休眠,是因为公司经营定位不准确,在自己没有运营能力的情况下,却从事船运经纪业务;身处新加坡这个国际油品第三大交易中心,信息最为直接、资源最为丰富,却没能很好地利用国际资源这个优势。找到问题的症结所在后,公司管理层果断将公司重新定位为以航油采购为主的石油贸易公司。自此,中国航油便以崭新的形象出现在市场面前,在中国进口航油采购市场中频频出击,打出了一片全新的天地。公司在中国进口航油的市场份额也由1997年不到3%的微弱地位逐步上升至2001年的100%,其供油量达到中国民用航油消耗总量的三分之一。

中国航油之所以能很快地成长壮大,很大程度上就在于公司找对了方向,有了好的思路,而这个思路能够出现,多亏了公司高层能够临危不乱,沉住气。让"思路决定出路"不再是一句空话,而是实实在在的传奇。

一个人如果没有清晰的思路,就没有走进成功殿堂的资格,只能是看别人"有声有色";一个企业如果没有清晰的思路,那么它只能是"积之不厚,行之不远"。清晰的思路来源于学习、实践,这是众所周知的道理。然而每个人关于怎样通过学习和实践来获得沉住气,通过冷静分析寻找思路,进而获得出路的看法确实仁者见仁、智者见智。成功离不开一个好的思路,而好的思路固然与智力、时机与实力息息相关,与过去的经验、他人的智慧与自己对未来设想后融汇贯通息息相关,但是,最重要的、同时也是最必不可少的条件还是要有够到任何时候都沉住气的能力。

有一位印度学者对阿利·哈费特说:"如果你能得到拇指大小的钻石,

就能买下附近所有土地;如果你能找到钻石矿,那么就能够让你儿子坐上王位了。”

从此,钻石的价值就深深烙进哈费特的心坎。那天晚上,哈费特彻夜未眠,第二天一早便跑去找学者,问他到哪里才能找到钻石。学者发现他如此迷失,便更改了建言,希望打消哈费特的念头。但是,已经沉入妄想中的哈费特完全听不进去,死乞白赖地缠着学者,最后学者随口说:“您要去很高很高的山里,寻找流着白沙的河,只要找得到白沙河,就一定找得到钻石。”于是,哈费特变卖了所有的家产,开始他的寻钻之路。但是,他找了许久,始终找不到宝藏,最后在西班牙的海边,投海死了。

几年后,有人买下哈费特的房子。当准备让骆驼饮水时,发现沙中竟然闪着奇特的光芒。他立即拿了工具去挖,不久便挖到一块闪闪发光的石头。不知道这是什么,只觉得这个石块很漂亮,便将它放在炉架上。

有一天,那位学者来拜访这户人家,一进门,就发现炉架上那块闪闪发光的石头。学者惊奇道:“这是钻石啊!是哈费特回来了?”新屋主说道:“没有啊!哈费特并没有回来,这块石头是我在后院的小河旁边发现的。”学者怀疑地说:“不!你在骗我。”于是,新屋主向学者说出他找到钻石的地方,两人便立刻来到小河边,开始挖掘。几分钟后,底下便露出一块更为亮丽的钻石,接着又陆续挖掘出许多的钻石。后来献给维多利亚女王的那块钻石,也是出自这个地方,而且净重100克拉。

很多时候我们就像哈费特一样,穷其一生去追求的成功,其实就离我们近在咫尺,但是因为我们不能沉住气,静下心来冷静的滤清思路,而是心情浮躁的做无用功,到头来只能是与成功背道而驰,越来越远。经验证明,心情浮躁,沉不住气,会导致本来有的思路也会越来越狭窄,甚至整个人都呆板僵化,事情也就毫无出路可言。相反,平心静气,保持冷静,就会不断思路创新，伴随而来的是道路宽广，办法与措施会层出不穷，越用越顺，前景也必然充满希望。

思路的产生和确立，实际上就是保持冷静、观察分析、认真探索和努力追求的结果。我们在实践中常常看到这样的现象，对同一个事物，因为能否沉住气导致了两种截然不同的出路和结果：心浮气躁的人会把事情越办越糟，云里雾里；而头脑清晰的人则会云开雾散，越走越顺。

沉住气冷静思考可以得到一个正确的思路，一个正确的思路可以获得成功和发展，一个错误的思路则可能导致失败和后退，所以我们一定要掌握处事不惊、临危不乱的人生哲学，这样才能永远有思路、有出路。

第3章

沉住气，舍得小利，放长线好钓大鱼

每个人都想成功，然而成功的路上总会淘汰掉大多数人，纵观那些取得最后胜利的成功者，无一不是肯付出、肯舍弃的人。舍得一时的舒适，换来长久的安逸；舍得眼前的利益，换来日后源源不断的财富；懂得用小利去吸引人、让人为我所用，这是初入社会的年轻人最应该学习的社交技巧。

小利面前要淡然,大利面前要淡定

一个人要想成功,天时、地利、人和,固然是样样都重要,可是,还有一点也不可忽视,那就是遇事一定要沉住气,不能急功近利。在面对得失的时候,无论是大利还是小利,多得还是少得,我们都不能失去一颗平常心,要沉下心来,时刻提醒自己要做到:小利面前要淡然,大利面前要淡定。

小利面前要淡然

俗话说:“做大事者不拘小节”。要想成就大事,取得大的成功,就一定要处理好各种“小节”,这个“小节”就包括我们所说得这种小的利益,如果要想日后能够获得更大的收获,就不能只着眼于眼前的“九牛一毛”。贪图小利几乎是所有人的通病,明白了这一点,我们要及时改正,否则后果是贪小便宜吃大亏。看看下面这个例子:

小李原来是一名下岗职工,闲在家里没事干,后来在县城开一家小超市,是一名普通的卷烟零售户。刚开始做烟草生意时,对烟草营销人员宣传烟草法规和诚信经营的有关知识不太重视,守法意识比较淡薄,一心只想着赚钱。

有一天小李的一个处得不错的朋友来到小李家,从包里拿出两条软中华烟,他讲是别人送的,舍不得抽,让小李帮着处理掉,给八百块钱就可以了,当时小李想认为代卖价格要比烟草公司进价低一些,自己赚了个大便宜,付清八百元后,马上就放进了柜台。第二天,客人要买两包中华烟,小李拆了一条软中华,递给他两包,他打开就点燃了一支,当即眉头一皱,说是假烟,小李坚持说不可能,结果吵了起来,引来不少人围观,为了确定真假,客人打通了烟草局的举报电话，结果经过专卖稽查队认定是假烟，两条中华烟也被暂扣了。这件事一方面影响了小李诚信经营的声誉，大家怀疑小李店里有假烟，销量也减少了；另一方面，因为在小李店中发现假烟，属于乱渠道进货，受到烟草局的处罚，由原来的星级户被降到一般户，供货量也跟着减少了。

小李本身做的就是小本生意，面对这种蝇头小利，小李没能沉住气，静下心来冷静分析利弊，失去了淡然的平常心，答应帮人家卖烟，这样不仅会有进假烟的可能，还会有可能失去诚信经营的金字招牌，赚不了钱反而失去了消费者，结果吃了大亏，得不偿失。

所以，贪图小利、贪小便宜吃大亏的事情，我们应当尽量避免，甚至杜绝。面对别人摆在我们面前的小利，我们更应该时刻警惕，提醒自己世界上没有免费的午餐，你接受了人家的小利，就要给人以回报，但是这种回报很有可能违背道义，甚至触犯法律，进而葬送自己美好的前程和光明的人生。孰轻孰重，所有人都应该明白。

大利面前要淡定

面对大的利益，谁都免不了要有些动心。与蝇头小利相比，在大利面前，能否沉住气就更加弥足珍贵——淡定的心，遇事不慌乱，泰然处之，可以避免很多不必要的麻烦。否则很可能是乐极生悲，惨淡收场。本来是一次成功的机会，被自己的浮躁和冒失给浪费了。

大家都应该还记得，在2003年春节晚会上，赵本山、高秀敏和范伟一起表演的那个小品《心病》，就说明了这么一个道理。小品故事中范伟买彩票中了3000块钱，但是他因为从来没见过这么大的利益，一时承受不了这么大的兴奋，竟然抽过去了。后来他又买彩票，这次更是惊人地中了大奖——300万。他媳妇高秀敏着急怎么样才能告诉他，就带他到赵本山开的心理诊所治疗，经过一番谈心以后，范伟终于看开了，把300万分成三份，一份捐给社会，一份给了赵本山，一份留给自己，结果赵本山也没见过这么大利，也抽了。当然，小品是一种夸张的表现形式，这个故事不一定是真人真事，但是，艺术来源于生活，又高于生活，整个小品以轻松、诙谐、搞笑的方式讲述了一条重要的做人道理，那就是人在面对大利时要淡定，要泰然自若，不要把利益看得太重，无论这个利益有多么的诱人，毕竟再多的金钱买不来愉悦的心情，也买不来幸福的家庭，更买不来健康的身体。

总而言之，在生活中利益这个东西无时不在，无处不在，它就像是设在我们人生路上的陷阱——蝇头小利是小陷阱，而梦想着一夜致富更是大陷阱。没有人愿意认这个栽，大家都想安全地绕过陷阱。所以，在面对各种利益的诱惑时，我们一定不能被冲昏了头脑，只要我们保时刻提醒自己有一颗平常心，小利面前要淡然，大利面前要淡定，再大的陷阱我们也能绕过去的。

失时不患得，得时不患失

央视著名节目主持人朱军曾经说过："得意时淡然，失意时坦然"。讲的就是得失之间的一种沉住气的心态。生活中，我们所做的任何事情，都要讲究一个结果，这个结果就是成功或者是失败，而成功可以看做是得，失败可以看做是失。得与失虽然只是简单的两个字，但是我们在实际中对待得与失的时候，却是有着很深的学问，这也是我们必须要学会的为人处事的道理，更是通向成功的必备条件。

我们所有人生活在这个社会中，都是想多得少失，因此也容易变得患得患失。所谓患得患失，就是把得失看得太重，失去的时候不甘心，想得到；得到的时候又不踏实，害怕随时会失去。这种在得失之间的踌躇彷徨，往往会导致面对问题时难以冷静思考，沉不住气。试想一个人总是身处在这样的状态中，又怎么能够获得成功呢？

失时不患得

有人说人生就是不断地奔波，不断地挑战，但是无论我们多么努力，结果终究还是失多得少。还有人说，今天暂时的失去是为了明天永恒的拥有。这是很容易理解的，因为要是人人都能成功、人人都只得不失，那这个世界的资源早就枯竭了。这就要求我们摆正心态，在辛辛苦苦努力争取以后，如果还是不能得到你想要的，那就要考虑放弃，去尝试一个新的目标。看看下面这个例子：

小许是上海某知名大学的本科生。几年来，小许不但学习成绩优秀，还是院里的学生会主席，工作也十分出色，老师欣赏，同学敬佩。无形中，小许的自信心膨胀了。觉得无论是什么事情，自己获得成功都是顺理成章的事情。

转眼到了大四，当大家都在犹豫是要直接找个工作还是继续考研读书的时候，小许毅然决定了继续深造，考国内更加著名大学的研究生，经过了半年的辛苦复习，小许信心满满地考完了试，以为肯定会金榜题名，回家等消息。因为平时小许太优秀了，家里人也对他报以很大希望，觉得肯定八九不离十。成绩出来以后，小许因为数学没考好，没有被录取。这一下小许心理落差很大，自信心备受打击，觉得平时自己那么优秀，没有得到研究生录取机会，很丢人，整个人怅然若失，一蹶不振。这样一直半年多，小许不但自己没有恢复过来，家里人也被他拖累病了。

小许工作出色，成绩又好，确确实实是很出色的。可是因为他从没有体会过失去他想要的东西会是一种什么样的感觉，结果真正到了失去的时候就不能及时调整心态，振作精神，最后家里人也被他拖累了。

得时不患失

还有很多人，明明已经得到了想要的，或者获得了成功，可是也过得不踏实，总想着万一攥在手里的东西让人偷了、抢了，有一天失去了该怎么办。这种人比起那些失去时想要得到的人而言，活得更累、更傻。正所谓“是你的，别人抢也抢不去，不是你的，你抢也抢不来”。

在山西曾经有一个最初是种地的庄稼汉，他看见那些煤矿的大老板们穿金戴银、非常羡慕。于是，他决定不再种地了，也做上了煤矿生意。折腾了几年以后，这个人也有了钱，成了拥有上百万家产的小富翁。顺理成章的，他也买了豪宅和名车，而且这辆名车还是大名鼎鼎的保时捷跑车。但是让人哭笑不得的是，这个人太看重这辆跑车了，以至于害怕开出去让人家偷走了，或者是出现事故把车撞坏了，于是他每天都把车仔仔细细地擦一遍，就是偶尔把车开出去办事，也是放不下心，隔几分钟就出来看看，结果还影响了办正经事。日子久了，邻居们都知道了，反而还笑话。

这个“土财主”就是典型的得到了太害怕失去，即使他现在有钱了，不用去干农活了，但是他过得并不开心，甚至还提心吊胆、夜不能眠，害怕自己辛辛苦苦挣来的家业，有一天会离他而去。对于这样的人，纵然有万贯家产，也没有一刻是放松的，我们难道能说他是幸福的么？那些没有得到过的人，努力拼搏，至少有一种积极的态度，一种向上进取的精神，可是这种得到以后，确又害怕会失去，把得失看得如此重，以至于每天疑神疑鬼，是多么可笑啊！

总而言之，人活一辈子，应该知道怎么样过日子才能对得起自己。当我们从娘胎中呱呱坠地，光着身子就来到了这个世界；同样道理，有一天当我们离开这个世界，也是分文带不走，一样拿不去。既然如此，我们何必要把得失看得这么重呢？通过努力而有所得，这是我们辛辛苦苦换来的，我们得的理直气壮，根本不用害怕有一天会失去；真正努力了，即使没有得到，我们也该无怨无悔，拿得起放得下，及时调整心态，寻找更适合自己能力的新目标；一旦有一天失去了一些，也应该淡然处之，因为我们曾经拥有过了，没有遗憾。

得时不患失，失时不患得，这简单的十个字，就是我们为人处事通往成功的大道理。

看清舍与得，能舍才能得

俗语说：少年时取其丰，壮年时取其实，老年时取其精。少年时舍其不能有，壮年时舍其不当有，老年时舍其不必有。这得舍之间的处世之道，是取得成功的必要一课。在舍与得之间做出选择，就好比是一个人面对一桌的山珍海味，既想吃熊掌，又想吃鲍鱼，但是肚子只剩下吃一样东西的空间了。这种绞尽脑汁、进退两难的状态，就是考验在舍与得之间做选择的能力的时刻，看似简单，却蕴含着深刻的人生哲学。掌握了这种平心静气与得舍之间做决定的能力，离成功会更进一步。

圣人孔子有一次在观水时，说到水的一个显著特点："其流卑下，句倨皆循其理，似义。"这句话的意思是说，水流是向下的，而且随圆就方，好像是在遵循准则和法度。水的这种特性，与孔子所说"见得思义"之理不谋而合。那么，对我们来说，何谓"得"？"得"什么？无论是金钱财富、还是名誉地位都要归于我，叫"得"。但是面对"得"，我们应该想一想"得"的是否合情合理，若合则受，不合则不受，即要"舍"。

舍与得的关系，就像是一场博弈，很难驾驭得完美。比如在商场中，获取利润是所有商家的最终目的，“得”是他们必须要获得的一个结果。但是，更为重要的是这个“得”是否合乎一个“义”字，所谓君子爱财，取之有道，说的就是这么一个道理。不过，如果这个超出自己的承担能力，采取杀鸡取卵式的“得”，也不见得合乎“义”。所以得和舍之间天平是很难找到最佳位置的。

春秋时期，鲁国有一个规定，凡是有人赎回了在国外做奴仆的鲁国人，国家最终要支付那笔赎金。孔子的学生子贡一直做生意，他解救了不少做奴仆的鲁国人，国家要把他花费的赎金补给他。因为子贡很有钱，所以他没有要政府的钱。当时，不少人称赞子贡，说他仗义疏财。但是孔子却对子贡提出批评。夫子说，鲁国人本来就不是很富有，国家出台政策就是为了鼓励人们不需要额外花费就可以解救鲁国人。子贡这么做，自己是做了好事，但负面影响却不得了。有一些人本来要解救人，但子贡救人都不要政府给钱，自己救人如果要政府的钱，那么跟子贡相比，境界要低很多。这样本来要救人的人，因为经济能力所迫，会因为子贡的行为而放弃救人。

孔子另一位学生子路，有一次一个将快要淹死的乡人从水中救起。那位老乡很是感激，就送给子路一头牛，子路欣然接受。当时，有不少人批评子路的道德境界不高，但是孔子却不以为然。他说，子路救人，并接受人家的谢礼，这对鲁国人有很好的昭示作用。因为子路接受了一头牛，大家感到做好事会有好的回报，鲁国人会因此争相去做诸如救人等的善事。

通过这个例子，我们可以清晰地看出来，得和舍之间的界限实际上是很不清晰的，有些时候你觉得明明这个可以得了，但是事后就会发现还是该舍；有些时候你一狠心舍了，结果又后悔当时那么没有魄力。像子贡本来是一片好心，给政府省钱，结果经过孔老圣人这么一说，反而是该得；而子路觉得与人有恩，得的心安理得，事实上也确实起到了示范作用。

再回到现代，假如有一个合理合法让你白赚1500万元的机会，你会"舍"吗？估计所有人都肯定不会的。但著名房地产公司万科的董事长王石毅然选择了放弃。

王石应合肥市长的邀请，代表万科同合肥国土局签订了1000亩土地的购地合约，并约定一个月内支付总价的25%作为首期款。三个星期后，万科的首期款还没来得及支付，合肥就传来消息：另外一家企业也看中了万科签下的这1000亩地，合肥国土局有意牵线让万科出让500亩，每亩额外补偿给万科3万元。真是天上掉下来一个大馅饼。王石的下属高兴地向他汇报这件事。但出乎意料，王石指示：对万科来讲，500亩、1000亩都很多，退回500亩地，并且不要补偿。下属认为是听错了，因为大家都知道王石是一个注重诚信和商业道德的领导人，可赚到这1500万元并没有违反商业道德呀。王石向下属解释说，如果收了这个钱，公司就会出现新的神话：瞧，老板多有眼光，没动1分钱就赚了1500万元。这样会对公司员工产生什么样的影响呢？员工们都会钻牛角尖去想办法倒腾土地赚大钱，谁还有心思去好好设计房子、建房子和精心维护房子？所以这钱万科不能要。

舍与得是一种博弈，是博弈就有辩证关系。有时候"得"合乎义理，而"舍"看似高风亮节，却不合义理；而有时候，"舍"正合乎义理，"得"看似合情合理，却不合义理。所以，看待舍与得的问题，不在一朝一夕的直接效果，而在于其长久的、深层次的影响。利他就是利己，帮人就是帮自己，这就是舍与得之间的辩证法。

要懂得克制，别贪得无厌

孟子曾说："养心莫善于寡欲。其为人也寡欲，虽有不存焉者，寡矣；其为人也多欲，虽有存焉者，寡矣。"贪欲是我们人的本性。正所谓食色性也，人在饥寒的时候想着温饱，饱暖而思淫欲，这是人性中贪欲最直接的反映。几乎每个人都是财不厌多，色不厌美，食不厌精，衣不厌丽。但是，如果对我们的贪欲不加克制，只想满足，遇事不能沉住气，冷静分析利弊，必然会因为着眼于一时的小便宜而吃大亏。

《大智度论》中说道："哀哉众生，常为五欲所恼，而求之不已。此五欲者，得之转剧，如火炙疥。五欲无益如狗咬骨。五欲增诤如鸟竞肉。五欲烧人如逆风执炬。五欲害人如践恶蛇。五欲无实如梦所得。五欲不久如假借须臾。世人愚惑贪着五欲，至死不舍为之后世受无量苦。"人是有感情的动物，不管是谁，只要生活在这个物欲横流的社会，与各种物质利益搭上关系，都会在心里产生种种欲望，无论是面对友情、亲情还是爱情。有人贪钱、贪权，也有人贪财、贪色，只要是有利益可以贪，就会忘乎所以，丢掉理性，毁在"贪"字之上。所以我们在面对贪婪的"深渊"时，一定要提醒自己沉住气，保持冷静，懂得知足；否则，一味地争名争利，唯利是图，必将大难临头，轻则倾家荡产，严重的甚至连命都没了。

古时候，有个放羊的男孩，一个偶然的机会，他发现一个深不可测的山洞，这个地方很隐蔽，他从未涉足过。好奇心促使他一步步地住山洞深处走去。突然，就在洞的深处，他发现了一座金光闪闪的宝库。天哪，这是不是人们常说的天下第一宝藏呢？放羊的男孩很是好奇，他从来没见过这么多的金子，他很高兴。小心地从金山中拿了小小一块，他自言自语道：“要是财主不再让我帮他放羊的话，这块金子也够我生活几年了。”他边说边从山洞回到放羊的山上。“够用了，够用了。”然后不急不忙地将羊赶回了财主家，又如实地把一天的经历告诉了财主。还把自己带回来的那块金子拿出来给财主看，让他辨别其真假。财主一看、二摸、三咬后，一把将放羊的男孩拉到身边，问藏金子的山洞在哪里。男孩把藏金子的山洞的大体位置告诉了他，老财主马上命令管家与手下的打手们直奔山洞，还担心找不准位置，就让男孩为他们带路。

财主很快就到了山洞，见到了金光闪闪的金山。他顾不得其他事情了，赶忙把金子往自己的衣袋里装，想带走所有的金子。洞的神仙发话了：“人啊，别让欲望负重太多，天一黑下来，山门就要关了。到时候，你不仅得不到半两金子，连老命也会在这里丢掉，别太贪婪了。”财主面对金山，如何还听得进劝告，他想，就是天大的石头掉下来，也砸不到自己的头上，何况这里有这么多金子！拥有这些金子，出去以后我就是大富翁了，还怕负重吗？财主依然不停地指挥搬运，非要把金山搬完才能满足。忽然，一阵轰隆隆的雷声响过后，山洞全被地下冒出来的岩浆吞没了，财主别说当富翁，连自己的命也丢在了火山的岩浆之中。

现实社会中，像这个财主这样沉不住气、贪得无厌的人太多了！他们的下场都很惨，以至于人们在听到这样的消息以后已经麻木了。比如全国各地的贪官污吏，国家三令五申，可还是不断有人利用职务便利，搜刮民脂民膏，结果直到被绳之以法以后才知道悔改，可惜世界上没有卖后悔药的。

英国作家史密斯曾经写过这样一句话：“人生追求的目的有：一是得到想要的，二是享受拥有的。可惜往往只有最聪明的人才能达到第二个目的。”正是因为人们的贪欲无限，所以即便是拥有了很多。在面对利益的诱惑时还是沉不住气,觉得只要我做的隐蔽,别人发现不了,抱着类似的侥幸心理,所有的利益都要大包大揽,总有一天要被利益"撑"死。更为悲惨的是,有些人到死也不能摆正心态。人只一念之贪,便销刚为柔,塞智为昏,变恩为惨,染洁为话,坏了一生人品。所以说,一个人的物质追求一定要有一个度,没有的时候以正当的手段去努力争取,这无可厚非,应当提倡;可是如果已经拥有很多了,一旦有了可以贪图利益的机会,还是不能沉住气、贪得无厌,那么本来拥有的也会逐渐失去,而且这种失去不仅仅是可以用金钱来衡量的,他的刚直性格就会变得柔弱,聪明就会变得昏庸,慈悲就会变得惨酷。

非常时刻"舍财"以"保命"

2009 年春节晚会的小品《不差钱》中,小沈阳说"人生最大的不幸是人死了钱没花光。"而赵本山却认为人生最大的不幸是"人活着呢,钱没了。"这样看似幽默的两句笑谈,就讨论了"舍财"还是"舍命"的哲理,到底是财重要,还是命重要。绝大部分人都知道,人生在世一辈子大部分时间都在不辞劳苦地奔波,奔波的目的是什么呢——多挣钱,但是这只是表象,真正的目的是为了能够过上幸福生活。所谓幸福生活,最简单的就是每天能有个好心情,开开心心,快快乐乐。可是有的人想法却很消极,他们认为人生苦短,应当及时行乐,只要能够挣到大钱,哪怕搭上性命也在所不惜。这种想法显然是舍命不舍财的谬论。

如果说人活在这个世上不停地争取,是为了满足自己的贪欲,但是只要能够把握住这个度,塞翁失马、亡羊补牢,还是值得提倡的。然而,最让人跌破眼镜的是那些生前贪得无厌，贪欲难填，临死之前也不能看淡一切、清心上路的人，他们太过注重物质追求，以至于在一定程度上，已经到了走火入魔的程度。对于这样舍命不舍财的人，我们只能叹其不幸了。

慈禧太后可谓享尽了荣华富贵，平日用餐有100多道菜肴，还有很多面首相拥而眠，权力、威严、物质、情欲，她都不缺，但她仍然烦恼不尽，为保住权力、保住尊严、保住地位，可谓用尽了心机，甚至死后也不得安生。

民国时期，军阀孙殿英炸开东陵，劫盗皇室陪葬珠宝。东陵被盗后，地宫内到处是残棺烂木、碎衣破衫，珍宝一洗而空，慈禧的尸身被扔到地宫西北角，伏在破棺椁盖上，脸朝下，双手反扭，搭在背上，长发披散，通体霉变白毛，因含了夜明珠被盗宝者硬挖狠扯，口角已被撕烂，惨不忍睹。这位生前统治了中国长达半个世纪之久的女独裁者，只要跺一跺脚，都会地动山摇，无论如何也没有想到死后会被糟践到如此地步。不过这场劫难完全是慈禧自己贪欲难填而造成的后果。据她的贴身太监李连英记录，慈禧尸身入棺前，棺底、棺头、棺尾以及慈禧身上佩带的珠宝不计其数，仅用于填补尸身与棺的空隙而倒入的珍珠就有四升，红蓝宝石2200多块。

据盗墓贼孙殿英说，棺盖一打开，满棺珍珠宝贝大放异彩，夺去了手电筒的亮光。慈禧口中含有一颗硕大的夜明珠，这颗珠子分开是两块，合拢则是一个圆球，分开时透明无光，合拢时则透出一道绿色的寒光，夜日在百步之内可以照见头发。

慈禧太后是何等的富有，一辈子享尽了荣华富贵，各种各样的山珍海味和奇珍异果，恐怕天下有的她都享受过了。即便这样，临到死也还是不能舍财，以至于入土以后又被盗墓者破坏，最后连全尸都不能保全，是多么的悲惨啊！

有句俗话说得好："人为财死，鸟为食亡"。意思就是说我们不要像贪食的鸟那样，中了猎人设下的圈套，丢了性命。人作为有感情、有思想的高级动物，应该理性地对待各种“身外之物”。老子一生强调“师法自然”，认为“祸兮，福之所倚；福兮，祸之所伏”，“物或损之而益，或益之而损”。本来富贵是一件令人羡慕的事情，但是如果太过看重物质，而忽略了人活在世上的根本，那必然会招来横祸。

西晋时期，有一个人叫做石崇，他是个大富豪，身边金银珠宝、美女无数。但是石崇集万千宠爱于一位叫做绿珠的美人一身，金山银山，也不换绿珠一人。石崇为了把绿珠珍藏起来，专门为她购置了一个住处，叫做金谷园，他从此天天住在那儿。当时，赵王有个亲信叫孙秀，他不知从哪儿打听到这个消息，为了贪图美色，孙秀就派人向石崇讨要绿珠。石崇勃然大怒：“你们想要绿珠，除非你先要了我的命！”来人回去将这件事禀告孙秀，孙秀想，既然你只要女人不要命，那我就成全你吧。于是他向赵王诬告石崇想谋反作乱，赵王大怒，把石崇抓了起来，灭了九族。

现在看来，“绿珠”虽然是美色不是财物，但是当时那个社会，女人在男人眼里就是财物，任凭有钱有权的人买卖交换。所以，石崇为了绿珠而丢掉性命，也算是舍命不舍财了。当然，这个孙秀为了夺人所爱，也不惜残害无辜，为了贪图美色而丧尽天良，更应该遭人唾弃，为后人所不齿。

其实说到底，人世间生灵百态、万事万物，本来就是生命的体现，是前人付出生命的代价，一代一代积累起来的。但是凡事都应该有个度，为了贪图享乐而舍性命，就是反其道而行了。一些人因为贪求享受车子，出门就开车，几乎每天脚不着地，这车便会成为他们腿脚先行老化的原因；一些人因为贪求享受山珍海味和美味佳肴，每天暴饮暴食，通宵达旦，那么这些酒和肉便成了引发他们各种“富贵病”的致命物；还有些人因为贪求享受美女，生活糜烂，日日夜夜沉溺于女色和享乐之中，那么这些红颜美女就会成了慢慢吞噬他们性命的大麻。

所以，不论何时何地，我们都应该明白生命是所有一切的根本，只要还有一口气在，金山银山丢了，我们都可以在从头来过，千万不要为了各种生不带来、死不带走的身外之物而舍弃了生命，那是得不偿失的。

大气度与大智慧

伯克曾经说："如果我们能支配我们的财富，我们就会富裕而自由；如果财富支配我们，我们就会变得真正的贫穷。"在面对各种利益的诱惑时，很多人都很容易被"支配"，都不能免俗，这个"俗"说白了就是当一个便宜摆在你面前，你发现得了这个大便宜，同时又不触犯法律法规，对他人的利益也不造成侵犯，那么你就会毫不犹豫地将"便宜"收入囊中。这种面对"便宜"不能沉住气，放长线好钓大鱼的做法，就是伯克所说得"真正的贫穷"。但是有些人又会说，现在有便宜不占往往反而被认为是假装高风亮节，虚伪做作。这一点二十几岁的年轻人可不必放在心上，在对待金钱的问题上多一番思量，沉着冷静，分析利弊，不要乱了做人的分寸。

面对金钱要有大气度

有些人把金钱视为闯荡社会的"通行证"。一个人对于金钱的看法，往往体现出其人生观、世界观和价值观。有些人把金钱看得比生命还重要，如果这样，这些人就会成为金钱的奴隶甚至傀儡，整天为钱而疲于奔命却难以得到充足的幸福感。二十几岁的年轻人要让自己变成一个爱财却不贪财的人，正所谓君子爱财，取之有道。

有一次，美国洛杉矶的一位华裔商人在香港繁荣集团购买了一批景泰蓝，讲好了一半付现金，一半付一个月期票。交易那天，他却不出面，派儿子来交易。一个月后，期票到期了，银行却退了票，几经联系，他一推再推，后来索性不接电话了。繁荣集团这才知道上了圈套。集团老板陈玉书说："除非他永远缩在美国，不在香港做生意，只要他来香港，我一定逼他把钱交出来。"陈玉书派人侦察、注意对方的动静，终于有一天，他来到了香港。陈玉书马上派人同他联系，并以鸟兽景泰蓝优惠售价相诱，将他请到公司。陈玉书大脚一踹，房门大开，大喝一声："你上当了！"这位商人这时脸色大变，不安地立在对面。

"你既然来了，就让我处置你吧。"陈玉书伸出手掌问他，"我的钱呢？""我没欠你的钱，是我儿子欠的。""不是你在电话里答应，我怎么会让你儿子取货？""儿子欠债，要老子还钱，这不符合美国法律！""这里是香港！你今天要能走出这个门，我就不姓陈！"

"我们这些人是讲道理的，对不讲理的人我们总有办法处理。你知道我是什么人？"不等对方回答，陈玉书大声说，"我从小在印尼就是流氓！"

这时，商人冷汗直流。陈玉书对他说："我们是讲人道主义的，我今天要的是你还钱，否则你别想走出这个门。"商人知道抵赖是无用的，诡计也施不上了，只得乖乖地打电话给手下，叫他开支票。

现在是市场经济和商品社会，没有钱是绝对行不通的，甚至一个人的地位和人生的价值也用金钱的多少来衡量。但是，金钱却不是万能的，金钱不能买来人品和口碑。这位华裔商人这么有钱，可是还用这种卑鄙的手段赖账，这就是贪婪在作祟。这样的人，就是有一天有了金山银山，富可敌国，也永远没有与财富相媲美的大家风范，没有在金钱问题上的大气度。

有了大气度还要有大智慧

人活在这个世界上确实是离不开金钱的，过日子要柴米油盐酱醋茶，样样离不开钱。可是如果真的像对待柴米油盐酱醋茶那样去对待金钱,那就真的是太没有气度了。我们要本着现实的态度来面对金钱。有人说"男人有钱就变坏,女人变坏就有钱"。这种说法虽然是一种调侃,但是却反映了社会上一种不良风气,人们把金钱看做"万恶之源",不管是男女老少,好像有钱就不应该。这种想法只适用于那些有钱但是没有处理金钱大智慧的人。

其实金钱只是"万恶"的目的与手段。如果要寻根求源,那还是要从持有金钱的人的本性上去找原因。像李嘉诚、邵逸夫、比尔·盖茨这些人,每年挣的钱让普通人瞠目结舌,但不管自己挣了多少钱,慈善事业永远放在第一位,每当有人需要帮助,他们从来不吝啬,甚至把几年的效益都用来捐款。年轻人虽然没有过多的财富,却同样应该有对待金钱的正确态度和使用金钱的智慧,不要没有长远规划,手头没钱就心急火燎,有了点钱就飘飘悠悠。

不要急功近利,心急吃不了热豆腐

俗语说:"好事多磨"。意思就是告诉我们一时的得失不要看得太重,今天退后一小步,是为了明天能够大踏步地前进。现实生活中,很多人在对待利益得失的问题上,太过心浮气躁,急功近利,往往是刚刚有些许付出,就急着要看到回报,要是没有利益上的收获,就心急如焚,甚至暴跳如雷。这种心理难成大事,如果不能平心静气,沉下心来,到手的鸭子也会飞走,正所谓心急吃不了热豆腐。

《孟子》中说道:"天将降大任于斯人也,必先苦其心志,劳其筋骨,饿其体肤。"任何事情,如果没有下足功夫,没有付出足够的努力,是不会有成果的。在对待利益这个问题上也是一样，需要沉住气，放长线才能钓大鱼；否则，上钩的小鱼也跑掉，偷鸡不成反蚀把米。

小郭是一所高校的研究生，直到超过规定毕业截止日期16个月，小郭才交上研究生毕业论文。校长宣布小郭的论文通过审核，批准毕业的那一刻，小郭热泪盈眶，心里感慨万千。

说起自己不能正常毕业的原因，小郭是一脸懊悔。刚上研一时，小郭师从所学专业最好的导师，这个导师不提倡学生过早地进入社会实习或者兼职，而是希望他们利用在校的时间多看书，积累知识。可是小郭看见同学们都在外面兼职挣钱，自己却一分钱也挣不到，甚至还得跟家里要钱，心里很过意不去；再加上就业形势不乐观，小郭更是心浮气躁，恨不得马上工作挣钱。抱着这样的想法，小郭偷偷地在外面找了好几份兼职，以至于别人在做毕业论文的时候，他依旧在外面挣钱。结果是虽然眼前的小钱是赚到了，可是到了交论文的时候，小郭却拿不出论文，平时所积累的知识又不够用，只能是后悔不已，找导师帮忙，导师也很无奈。

像小郭这样沉不住气，急功近利的年轻人不在少数，这些人的特点是太急于求成，目光短浅，贪图眼前的利益，心态浮躁、虚夸。这已经成为年轻人的一大“顽症”。一夜暴富，瞬间成名的念头经常萦绕在这些人的心中，在这种心理的影响下，人们往往被一些蝇头小利蒙住了双眼，却根本不顾及自己的未来。

有个年轻人，大学毕业后进入一家大型企业工作。没几年，就担任市场部经理一职，薪水丰厚，前途光明，可以说是春风得意。有一天公司高层出于战略调整的考虑，把市场部撤销了，这个年轻人也在一夜之间从一个经理变成了一个普通的业务员，跟大家一样，拿的都是底薪加提成，如此一来，他对工作也没了以往的热情。

一天傍晚，他下班正想离开时，被总经理叫住了。总经理开车把他带到郊外的山脚下，两人开始爬山，等爬上山顶时已经看不见太阳了，只留下一抹余晖。他正在心里琢磨总经理今天怎么会这么有兴致时，总经理突然指着远处的一座高山问道："你看那座山跟这座山哪个更高大些?"他不假思索回答道："当然是那座山了，全市第一高峰嘛!"总经理缓缓地点了点头："那么如何才能到达那座山的山顶上呢?"他怔了一怔，过了半晌才说："先下这座山，再上那座山。"总经理回过头来笑道："看来你还很明白这个道理的嘛!有时候人往低处走也不完全是坏事。"停了一停总经理又道："你一定很希望我把你直接放在销售经理的职位上吧？销售和市场，其实也是两座山，除非你是天才，能直接跳过去；如果不是，那还是一步一步走过去比较实际。并且，我希望你不要把眼光仅仅局限在这两座山上。记住，远处还有许多更高的山在等着你去征服。"

年轻人的内心被震撼了，扪心自问，他觉得自己在做销售方面，确实欠缺许多东西，例如经验和知识，这都有待积累。他暗暗打定主意，从明天开始要重新找回自我。

一年后，由于业绩突出，他又回到了经理的职位，只不过这次是销售部经理。三年后，他又成为总经理助理的不二人选。

有人曾说，这个世界上只有两种人，我们用一个简单的实验就可以轻而易举地把他们区分开来。假设给他们同样的一碗小麦，一种人会首先留下一部分用于播种，然后再考虑其他问题；而另外一种人则不管三七二十一把小麦全部磨成面，做成馒头吃掉。

我们每个人都想做一个成功、富有并且优秀的人，但是很多人只不过通常在馒头的引诱下没能够沉住气，不舍眼前的小利，失去了耐心。其实，成功是需要些提前储备的，我们的后备资源越丰富，成功的机会就越大。况且，通向成功的路布满荆棘，是那样的艰辛与困难，但是每一个在起点上充满信心、跃跃欲试的年轻人，都对这路的尽头有无限的憧憬。背包里的馒头固然可以令他们在刚启程时跑得飞快，不过太早地吃光所有馒头，恐怕在没有到达终点之前就已经饿死在半途了。所以，真正成功到达终点的都是沉得住气、静得下心的“高手”。

所以说，沉住气，不要心急，放弃急功近利、把眼光放长远是一种通向成功的境界，更是我们为人处事的重要技能。

懂得放长线才能钓大鱼

一位成功的民营企业家曾经说过这样的话：“成功的人就像是在湖中钓鱼的人：小的成功者，是在岸边附近钓小鱼和虾米的保守者；而真正获得大的成就的人，是将鱼线放长，将鱼饵换大的更加耐心的人。”就像这句话所说得一样，任何人要想获得成功，都不能急功近利，做大事的人，一定要沉得住气，学会放长线钓大鱼。

在钓鱼的时候，年轻的钓鱼者最初跟着老人学钓鱼，一点耐心也没有，把钓饵甩到水里，就想马上能钓到鱼，一会儿起一次竿，鱼饵赔上不少，鱼却没有钓上来。其实，心急吃不了热豆腐，钓鱼也是这样。有经验的钓鱼者一旦发现大鱼上钩，都是沉着冷静地直着腰，用手握紧钓竿，手中的钓线却收放自如，鱼在水中的劲大，有时放线，有时收线，这样一来二去，直到鱼被拖得筋疲力尽，不再反抗，自然而然就“束手就擒”了。如果缺乏耐心和韧劲，沉不住气，光想用蛮力把鱼拉上岸来，最后多半只能是竹篮打水一场空。

生活其实就是一个钓鱼的过程，有的人只会着眼于眼前的得失，就算是钓到鱼，也都是一些小鱼，很难收获到大鱼，更别提什么金枪鱼、深海鱼这样精明、不会轻易上钩的“老手”了。看看下面这个例子：

周大福珠宝、香港会议展览中心、香港君悦酒店、北京新世界中心，这些看似毫无联系的名词都与一个人的名字有关，那就是郑裕彤。

从上个世纪50年代开始，郑裕彤就小试牛刀，陆续投资跑马地的蓝塘别墅和在铜锣湾三角地兴建香港大厦，打下了大规模发展的基础。到了70年代，郑裕彤开始在地产业中放手拼搏。首先他在尖沙咀兴建香港新世界中心，1982年竣工的这座恢宏的大厦至今仍然是尖沙咀的招牌建筑。1986年，他又投资兴建香港会展中心。1997年，香港回归庆典在这座会展中心举行，令新落成的会展中心新翼成为全球焦点。如今，这座建筑名列亚洲同类建筑之最，并于1998年获选“全球十大最佳”国际会议展览中心。看到新世界旗下的酒店和国际会议展览中心为郑裕彤带来的巨额财富，许多人说，郑裕彤的成功就是胆大、冒险、快速赚钱。但郑裕彤却不这样认为。

“我不喜欢立刻就能赚钱的项目，越赚得快的钱，风险越大，这是一定的。我做每一件事都是看透了才去做的，不是急功近利的。以会展中心为例，我做这件事的时候，别人说我大胆，其实我已经看透了，香港最终会回到祖国的怀抱。”

郑裕彤先生之所以获得如此大的成就，与他沉着冷静的气度是分不开的。事实也证明，越是能够沉住气、舍得小利的人，就越是能够获得巨大的成就；而那些急功近利，刚刚看到一点成果就心浮气躁的人，往往一事无成。

诸葛亮是三国时期蜀国杰出的政治家、思想家、军事家。诸葛亮到周瑜阵下助援，周瑜看他有才能，比自己强，就十分不服气，想找一机会置他于死地。一次机会来了，他以与曹军水上交战来陷害诸葛亮，命诸葛亮三天之内造十万支箭，诸葛亮答应了。周瑜以为诸葛亮上了他的套，实际上，诸葛亮早就料到周瑜的阴谋，暗地里已计划出一套借箭方案，只等那一天取箭了。经鲁肃的一手帮助，在第三天早晨，诸葛亮便开始了取箭计划。他让二十只船横摆开面对曹营，让将士们擂鼓挑战，由于有大雾，曹营只好射箭御敌。这样，箭就“借”到了。鲁肃看到得了箭，觉得应该见好就收。诸葛亮却不慌不忙地让士兵把船 180 度掉头，这样原本背对着曹营的那面，也插满了箭。回到吴营，所有人都对诸葛亮的聪明才智和沉着冷静刮目相看。

本来一半的船被插满箭就已经很了不起了，可是诸葛亮在两军之间沉着冷静，放长线以钓大鱼。鲁肃在这一点上就远不如诸葛亮了，所以鲁肃在东吴所取得的成功，也远不及诸葛亮在西蜀所取得的成功。这就是我们所说得得到了小利、取得了小成功不要骄傲自满，所谓“一瓶子不满、半瓶子咣当”，只有真正沉得住气，不为蝇头小利所诱惑的人，才能获得更大的成功。

在这样一个浮躁的时代，想要一夜暴富、一朝成功的人太多太多了。可是，能够真正取得成功的是那些能够沉住气的、有深谋远虑的人，他们不管做任何事，都把自己的心态回归到零，不为一丁点的蝇头小利套上枷锁，眼光长远，目标远大，并且在通往成功的路上一步一个脚印，踏踏实实，最终才能获得傲人的成就。

进退适时，得当取舍

比尔·盖茨曾经这样说：“人生是一场大火，我们每个人唯一可做的，就是从这场大火中多抢救一点东西出来。”

是的，人生就是一场大火，对于年轻人来说，这场火才刚刚开始燃烧，在这个火场中有很多你可以救出来的东西，你选择抢救什么呢？这个问题和一个脑筋急转弯不谋而合，“法国卢浮宫起火，工作人员抢救名画，该先抢救哪一幅?”有人说“抢救最值钱的那幅”，有人说“抢救艺术价值最高的那幅”，有人说“还抢救什么呀，赶快逃命吧”……每个人站在自己的角度，给以问题的回答都是不一样的，然而让人没有想到的是，这个问题的答案是:抢救离门口最近的。

这个脑筋急转弯所揭示的是一个深刻的道理，就是在突然发生的灾难中，我们应该懂得在力所能及的情况下争取最大的利益。卢浮宫里的画都是价值连城的，但和一个人的生命比较起来，任何物品的价值都是不值一提的，没有了生命一切都无从谈起;而选择离门口最近的那幅画，不仅可以在有限的时间内保障自己的生命安全，也可以抢救出一副宝贵的名画，要知道能放到卢浮宫展出的画，哪一幅都是无价之宝。在你犹豫抢救哪幅画、哪幅画价值最高的时候，可能你已经失去了逃生的机会，也更不会有抢救任何一幅画的机会了。

火场中的抢救和我们的人生一样，在你犹豫着的时候，可能你已经错过了机会，在你不肯放弃一些东西的时候，你也失去了长远发展的机会和最终成功的机会。

在一个晚会即将结束的时候，主持人组织了一个有趣的游戏:点钞票。

游戏要求参赛的四个人点数一堆面值大小不一，摆放杂乱的钞票，谁在规定时间内点数钞票最多而又最准确，那么他就可以获得自己刚刚点数的现金。

游戏开始了，四个人各自埋头“沙沙沙”地点数起了钞票。当然，在这规定的时间之内，主持人是不会让他们安心来点钞的——他拿起话筒，轮流给参赛者出脑筋急转弯之类的题目，来打断点钞者的正常思路;并且，必须答对题目才能接着往下数。

很快，规定的时间就到了，四位参赛者手中各自拿了厚薄不一的一叠钞票。主持人让他们分别写出自己所点出的金额：第一位，2831 元；第二位，4522 元；第三位，3658 元；第四位，600 元……

现场观众呆住了：这是怎么回事儿？四个参赛者所点数钞票的数目，竟然会相距如此之远。更有甚者，开始嘲笑起第四位参赛者了：你也太笨蛋了吧，才点了这么一点儿？

主持人笑着让大家安静，接着开始当场验证几位参赛者所点数钞票数目的准确性。在众目睽睽之下，主持人把四名参赛观众所点数的钞票重新数了一遍，最终的结果再次让所有的人大吃了一惊：第一位，2829；第二位，4528；第三位，3651；第四位，600……

也就是说，前三位数得多的参赛者，最终的结果不是多就是少，唯有第四位参赛者的结果分毫不差。

这时候，主持人拿起话筒，严肃地告诉大家一个秘密：据统计，在这个游戏的多次角逐中，所有参赛者所得的最高奖金，从来没有人能够超过 1000 元。

“知道为什么吗？”主持人大声说着，“只顾着埋头往前跑，看见西瓜了就拿西瓜，看芝麻了就拿芝麻，到头来什么也没落着……”

的确，正如故事中主持人所说的，看见什么拿什么，而不懂得适当放下，到头来只会一无所得。有时候聪明地放弃，其实就是经营人生的一种策略，也是人生的一种大智慧。不过，这种放弃需要更大的勇气和睿智。

人生的旅途中，我们会遭遇许多两难的问题，是进是退，如何抉择，都决定着你将来要走的路和人生方向，在面临西瓜和芝麻的取舍时，果断地放弃芝麻，保住西瓜无疑是聪明之选，然而在你没有能力保住西瓜的时候，放弃西瓜保住芝麻也是一种不错的选择，至少比选择了西瓜最后却一无所得要好得多。

人生就是如此，到底什么是小利，什么是长远，还需要你仔细分辨人生的界限，取舍得当，只在于进退适时。紧紧地把握着生活固然重要，但也不能抓得过于死板，人生就如一枚硬币，不是正面就是反面，你抛出的硬币是正是反，你都要接受；因为只有接受，你才能继续生活。与其执著于自己想要的那面以至于把得到的也丢失掉，不如接受失去，好好经营能够得到的。

因小失大，得不偿失

在《百喻经》里，讲过这样一个故事：

有一只猕猴，手里抓了一把豆子，高高兴兴地在路上一蹦一跳地走着。

谁知，一不留神，猕猴手中的豆子滚落掉了一颗，哧溜溜地钻进了草丛中。

为了这颗滚落的豆子，猕猴马上把手中其余的豆子全部放置在了路旁，然后趴在地上，撅着屁股转来转去地仔细寻找着，但却始终不见那一颗豆子的踪影。

看着实在是找不到了，猕猴只好站起身来，一边用手拍打着身上的灰土，一边准备去拿取原先放置在一旁的豆子——没想到，原先放在地上的那一把豆子，竟然被一群无意之间溜达过来的鸡鸭吃得一颗不剩。

故事中的猕猴为了一颗滚落的小豆子，而失去了手中其余的全部豆子，真是让人叹息，这就好比一个人为了生活中无关紧要的一点事，而把整个生活失去一样，是件傻得不能再傻的事，而现实生活中，有过这种行为的人很多，作为初入社会的年轻人，你是否也有过这样的经历呢？

对照一下年轻的自己：当你刚刚步入社会的时候，怀着满腔热血，为了心中一个不知是否能够实现的目标，一味地执著，一个劲地投入，却忘记了去经营生活中的其他，这不正是那只丢了手中豆子的猕猴吗？对于年轻人来说不懂得分辨眼前利益和长远利益，不懂得分辨一颗豆子和一把豆子的份量，是最大的悲哀。当你人到中年，蓦然回首的时候，你会为自己所损失掉的满满一捧的豆子而悔恨不已。

世界著名文学家莎士比亚曾经这样说过："书籍是全世界的营养品。"的确，看书能带给我们许多好处。它能让我们开阔视野，让我们丰富感情，让我们增长知识。在《三国演义》中有过《火烧连营》的故事。

三国时期，蜀国的皇帝刘备因为东吴杀死了自己的结拜兄弟关羽和张飞，心生悲愤，于是就一赌气率领七十五万大军进攻东吴。但由于扎营不当和气候问题，被东吴的军师陆逊用火攻，导致蜀国的军队火烧连营，几乎全军覆没。

七十五万大军，为了一口没争到的气而命丧黄泉，多悲惨啊！本来，蜀国粮食充足、兵多将广、实力强大，文有卧龙凤雏，武有五虎猛将，完全有能力统一天下。但由于刘皇叔的冲动，让怒气冲昏了头，不听手下的劝告，气冲冲地去攻打东吴，结果把更多兄弟的性命都赔了上去。征战沙场多年的刘皇叔居然被一介书生打败，而且输得那么惨，这对刘皇叔来说是多大的耻辱啊！自从那一仗后，蜀国因小失大，不但没能报到仇，而且开始走向下坡路，成了三国中实力最弱的一国，多可惜啊！刘皇叔的冲动导致了他的蜀国败北！

埋下头来认真地想一想，我们现在的追求，是否也是放弃了手中的一切，仅追求掉落的一颗豆子呢？因为放不下眼看就到手的职务、待遇，有些人整天东奔西跑，荒废了正当的工作；因为放不下乱花渐欲迷人眼的钱财，有人费尽心思,利用各种机会去大捞一把,结果常常作茧自缚;因为放不下对权力的占有欲,有些人热衷于溜须拍马、行贿受贿,不惜丢掉人格的尊严……

俗话说:生命如舟,载不动太多的物欲和虚荣。所以,要想使自己的生命之舟在驶往彼岸的过程中不致搁浅或者沉没,就必须适当地轻载,只取需要的东西,把那些应该放下的东西果断地抛掉。

立足长远,探寻人生

我们的祖先早在大禹时代就依稀懂得了舍得之雏形。大禹治水,三过家门而忍痛不入的典故是我们耳熟能详的。在那个物质条件极为匮乏,生产工具又极其简陋的年代里,靠天吃饭成了黎民百姓唯一的生存之道。而辛辛苦苦侍候的庄稼就这样被一场又一场没心没肺的大水冲得天翻地覆。大禹带领着他的子民历经十三年之久,终于平息了水的隐患。史书上说他"三过家门",而有人却疑心"三"只是一个虚数,他放弃的其实更多,他甚至没有时间去看看自己刚出生的儿子!这对一位父亲来说,是一个多么艰巨的考验!

他也是有着血肉之躯的堂堂儿郎,经年累月地奔波在外无暇照料妻儿,一定也令他伤神不已。但有什么办法呢!刚刚修建起的堤坝也许就在他进门的一刹那被冲毁,成千上万人的心血毁于一旦。的确是无奈之举,刚刚疏通好的河道也许就在他亲吻儿子的瞬间被淤泥堵塞,人民的辛苦付之一炬。他始终记得自己的身份——君王。一代王者在拥有权利的同时也要履行相应的义务。妻儿的无助固然让他难过,但天下苍生的安危更是不容忽视,他强忍着停下徘徊的脚步，一声号令，大队继续向前出发。他满怀伤痛的舍弃，终于换来了天下万民的安居乐业，五谷丰登。

历史传承到今天，又有无数智者为了未来而放弃了眼前的利益，令风雨飘摇的生命之帆最终顺利地抵达了成功的彼岸。

举个最贴近生活的例子：欧洲渔民在捕鱼时，都要仔细检查捕上来的每一尾鱼。如果个头太小的就宁可不要，重新放回海里。这样做是为了让鱼有休养生息的时间，也为了渔业的可持续发展。

与这个做法相比，那些以乱砍树木、焚烧森林为代价来扩展耕地的掠夺性开发显得多么野蛮无知！他们只看到了今年的庄稼长势良好，却不去想想明年的庄稼种在哪里，长此下去，原本富庶肥沃的农田，原本古木参天的森林急剧退化了，留下的只是一捧捧松散的流沙。皮之不存，毛将焉附！这就是目光短浅、不懂取舍带来的恶果。

没有一个长远的眼光，做事情时自然不能领会舍得的妙处：小舍小得，大舍大得，不舍自然就无从得到，而不懂得这样一种道理，事情做到最后往往是漏洞百出，与最终的预期效果相差千里。

舍得是一种凝练的智慧，一般年轻人历练较少，所以在小的诱惑面前很容易迷失方向。但上年纪的人往往一眼就能洞悉其内，他们就好比故事中的识途老马，无论岔路有多少，他们总是能够被大方向牵引着，最终回到想要达到的地方。

有这样一个故事：一个男孩子刚上大学时满脑子都是美丽的憧憬，他想通过自己的努力来赢得那些金灿灿的荣誉。于是他很努力地学习着，甚至把别的男生打篮球、交女友的时间都用在书本上了，就是盼望着能在期末考试中一举夺魁，得到那份厚重的奖学金。然而事与愿违，他最终的成绩并不理想，甚至连平常他很看不上眼的同学都考到了他的前面，为此他失落极了，也沮丧极了。既然勤奋和懒惰是一个结果，那么勤奋还有什么用呢？他开始逃课，开小差，课本也都丢在一边了。这样庸碌地混了四年，毕业时一无所获。

其实这样的例子不在少数，生活很多时候会令我们沮丧万分，但关键是沮丧之后的态度。假如那男生在沮丧之后又投入了新一轮的奋斗中，即便在以后的几年里他都与奖学金失之交臂，但那又能怎么样呢？大学只是人生的一个起点，是一个准社会的中转站，也是从家庭进入社会的跳板。在人生竞技场上空有一张文凭是不行的，脑子里的知识未必能够在现实生活中起到作用，空有知识是无法在竞争残酷的社会中立足的！

在这里，奖学金似乎只是命运同他开的一个小小玩笑，命运本是想考验他一下，却没想到他却中了招，一次的失败犹如障眼法一样的挡在他面前，令他彻底忘记了自己的未来和前途，忘记了自己还有那么多年的大好青春要去建造，就为了区区千元的奖学金，他的人生败下阵来。

不知道我们的身边还有多少这样的例子，在此只想对大家说："人生处处涉险，需要步步为营。我们身边机会很多，诱惑不少，哲学上把他们称为矛盾。但是矛盾也分主次，不要为了些许次要矛盾挡住了主要矛盾的去处，取舍真的很重要。

高瞻远瞩，把握未来

毛主席讲"风物常宜放眼量"，说得就是要人们把目光放开，从长远角度出发，遇事时需要从长计议。这样做的好处就是能够提升自身的度量和气魄，同时也把自身的认识升华到一定高度。站在高处来品评所处环境，得到的往往是一种高屋建瓴式的结论，从而，也能从中看到更远的未来。

其实这样的眼光和态度存在于我们生活的每一个角落里。一位女孩儿找到自己的女友诉苦：“为什么我对他那么好，他还是要背叛我？”“你是怎么对他好的呢？”“我对他关心备至，他要去哪里我都要提前知道，就是怕他出危险，我心里每天装的就是他，其他什么都装不下了。”女友没吭声，只是顺手从地上抓起一把沙子，紧紧地攥在手心，然而沙子还是顺着手指的缝隙缓缓地流了下去。接着女友又抓了一把，这一次她没有攥得很紧，相反，只是轻轻地捧在手心里，沙子老老实实地呆在那里，纹丝未动。“现在你明白了吧？抓得越紧流失得就越快，沙子是这个道理，人也是一样的。”女友微笑地解释道。

这个故事让我们受益匪浅。常言都说爱情是自私的，爱情就是绝对的占有。其实这只是一个人的主观感受，事实上并非如此。当生活的粗糙磨灭了爱情的火花，曾经热恋的爱人在历经七年之痒后开始觉得周身疲惫。的确，生活就是柴米油盐酱醋茶的纠缠，没有人能够甩着唱戏的水袖过一辈子，细瓷易碎，万物皆然。

当爱情流于平淡，人们被琐事困扰，小矛盾和小争吵就产生了。他们完全忘记了当初是如何深爱着彼此，又是怎样才走到一起，只困顿于眼前的鸡毛蒜皮小事，全然忘了婚姻和家庭的大方向。

故事中的女孩儿很值得我们同情，她只知道从自己角度出发去关爱丈夫，却不知道她的这种关爱已经成为丈夫的障碍了。其实，她完全可以选择另一种方式：主动与丈夫交流而不是质问，学着理解并接纳丈夫的朋友，学着迈进丈夫的交际圈而不是整日在他的耳边喋喋不休。爱他就用浓浓的爱意包围他，然后给他自由。这样有爱情做鱼线，理解作为诱饵，还担心他这条大鱼会跑掉么？

另外，放眼未来的态度也应该被放在各行各业上。有了这样一种处世原则，就可以在工作中少出差错甚至避免差错。

股票市场最火爆的时候，很多人认为傻子都能赚到钱，不买白不买！于是前呼后拥地买下了许多升值中的股票。而由于股民的争抢，股票价格又是一路飙升，冲到了大盘顶端，然而，由于金融危机以及内部种种原因，股票价格又一路狂跌，人们祷告着：让这个数字成为最低点吧，再往下跌我就赔啦……可是，生活往往事与愿违的，股票似乎被吸进了黑洞，掉得没有底线了。人们手中曾经的高价股此时被紧紧地套住，成为“鸡肋”——食之无味，弃之可惜。很多人顶不住压力，忍痛抛掉了手中跌价的股票，搞得血本无归。但很多人却继续持有，不仅如此，还算准时机在股票跌到很低价位的时候继续买进，再静候消息。虽然金融危机的影响是很惨重的，但很多股票会在短期内小幅度上升，这些人们就是看准了这一点，才走了这一步棋。最终虽然没有大赚一笔，但起码没有像前一种人那样输得太惨。

可见，当生活把我们逼到绝路上时，聪明的人依然可以坚定信念并运用智慧，不在乎一时的得失，从而把损失降到最低。

其实这就是一种有舍有得的折中智慧，在非要做出选择的时候，就考虑一下哪条路距离未来的理想最近，虽然这条路上满是荆棘和石头，但只要坚持忍耐这一时，曙光总会出现在通往未来的途中。

第4章

沉住气，做事低调：外愚内精不做出头鸟

俗话说，出头的椽子先烂。立身于社会，人们做好自己的本职工作自然非常重要，但做事情时也要顾及整个团体的利益，考虑到团队里其他人的感受。应该学着把功劳分一些给工作伙伴，而不应该事事争先，处处出风头。如此，才能利于整个团队的发展，更重要的是，为自己以后工作的开展打下基础。

爱出风头易吃亏

如果问一个问题：对于二十几岁的年轻人来说最难的事是什么？想必很多人会立即脱口而出：惊世才华，万贯家财，一夜成名……然而事实上这些都称不上最难，对于二十几岁的人来说，最难的是拥有谦恭的态度。

这是因为二十几岁是一个人各方面潜力都最强的时候，思维敏捷，学习和接受新生事物快，学什么东西或做什么事都很容易上手。就像惊世才华，听起来貌似遥不可及，但其实只要你找对入门之径，懂得执一驭百，并能始终坚持如一，在某一领域做到“专”、“精”并不算难事；而赢得万贯家财，最重要的是需要掌握商业智慧，有一副精于计算的头脑，这些我们都可以通过在社会中磨练获取；现在媒体的手段越来越高明，一夜成名也不再是神话，最关键的是你要有驾驭媒体的力量，你要懂得精心策划，你的身上也要有爆发的亮点，如此一番布置，一夜成名其实也可以“人为”实现。

当然了，这些也都具有一定难度，但与谦恭的态度相比这些就称不上难了，谦恭的态度是恒久的发动机，它是人的动力，如能拥有谦恭的态度，即使身处逆水也能行舟直上；如果没有谦恭的态度，人就会不进而退，走一步，退两步，自然也不可能拥有惊世的才华，万贯家财和人人敬仰的荣誉。如果一个人徒有才华、财富和名气，而无谦恭的态度，那么便如孤舟行于大海，随便的一个浪头打来，便船覆人倾、一无所有了。

不可否认人都是有虚荣心的，二十几岁大概也是虚荣心最盛的时候，正是这种虚荣的心理使得我们在获得一些小小成绩的时候，心里不免沾沾自喜，我们希望有更多的人来分享我们的喜悦，也更希望有更多的人认可我们的存在和努力。生活在21世纪，尤其是作为二十几岁的年轻人，正是“羽扇纶巾，雄姿英发”，欲“指点江山，一展抱负”的大好时机，年轻人懂得表现自己，才能为自己赢得机会，赢得伯乐。你也要知道，适度表现是好事，但过度表现，时时都想着出风头，就有百弊而无一利了。

中国有句话叫“枪打出头鸟”，就是告诉那些爱出风头的人，虽然风头出尽、荣耀无比，自己的心里爽了，无数人的追捧欢呼也让自己过足了瘾，但是“压力与机会并存，风头与危机同在”，无限风光的背后实则危机重重，老想着出风头的人到头来往往更容易吃亏。很多年轻人不知道风头不是那么容易出的，反而吃亏却比什么都来得容易。

因爱出风头而吃尽苦头的例子实在难以胜数，如为雍正帝立下汗马功劳的年羹尧，功高盖主，处处趾高气扬，连皇帝都敢不给面子，结果他的风头还没出多少年，雍正帝就对他下了“必杀令”，出风头的结果竟以惨死收场；三国时期的杨修，在曹操老板的手下打工，然而他却处处不给老板面子，“一盒酥事件”已经让老板曹操赞赏之余生嫉妒，后来又有“加阔院门”和“鸡肋事件”，这更让曹操妒心化为杀心，多才的杨修还未有什么建树就遭到了毒手。只因出了几次风头而丢了性命，这样的亏岂不是吃大了？

而对于二十几岁的人来说，爱出风头的人不在少数，这实在是危险的行径，还是尽早弃之如草芥为妙。不妨来看一个实例：

杨迈是个虚荣心极强的人，每做成一件事或取得一点小小的成绩就要弄得人人皆知。有一次，他帮上司完成一个大项目，结果他的上司一下变得炙手可热，连升两级。杨迈也顿时变得不可一世起来，到处宣扬他的功劳。

杨迈有个同事叫李静，与杨迈的作风完全相反。李静文文弱弱，一身书生气，属于老实做人、踏实做事的那种，做了什么事也不爱声张，也常把功劳推给别人，也正因如此他一直被人称为“木头”。

因为上级升职，上级原来的位置就空了出来，大家都认为这个职位当属杨迈无疑了，杨迈更认为这个职位简直就是自己的囊中之物了。

然而，事情的结果却出乎所有人的意料，一向"愚笨呆傻"的木头竟然成为"黑马"，一跃成为杨迈的上司。

杨迈很不服气，就去找之前的上司。

上司很平静地告诉他：你这次的确立下了很大的功劳，但是抉择领导人选，功劳只是一个参考方面，领导必须要有领导者该有的内涵和稳重，如果一个领导太爱宣扬，喜欢出风头，甚至将公司的一些机密当做炫耀的资本，这是很危险的。李静虽然没有太大的功劳，但是他却能稳中有进；他的话虽不多，但每句话都有实际的用处，所以他总能一眼看出要害，最难得的是他的谦恭态度，从不将功劳占为己有，这些都是领导者该有的风范。

听到这里，杨迈已经羞愧得无地自容。

的确如此，中国人向来推崇低调做人，即便取得再大的成就也不能忘乎所以，更不能数典忘祖。有句古话是这样讲的"天不言其高人自知之，地不扬其厚人自明之"，千方百计想出风头的人，其实并没有什么风头可出，自己的那点伎俩只会引来内行人的不屑与嘲讽，即便真的受到赞扬、追捧，往往也出自于"低俗"人之口。对于年轻人来说，爱出风头，不是一件好事，甚至它是一件坏事，处处阻碍自己的进步，甚至带给你许多不必要的苦头。

所以，当你想出风头的时候，请控制住自己吧，一个真正有内涵的人是绝不会做出这么浅薄的事情来的。如果你能在这个基础上，懂得谦让之礼，懂得如何成全他人，对于年轻人来说才是福中之福。

正如那句话所说，年轻人就像成长中的树木，谦恭一点，才有更多的出头的机会；本身还不成材，就老想着出头，那么，连唯一出头的机会都可能丧失掉。

有功莫自大，有才莫自傲

有道是："自古英雄出少年"，对于二十几岁的人来说，倘能抛却周身的"刺"潜下心来，找家差不多的机构，找位经验独特的"师傅"，在江湖上历经三年五载的锻炼，在某一领域掌握一定的技能，做出一定的成绩并不算难事，多数的人都能做到这一点。然而到了这一步之后，很多人却停滞不前、从此默默无闻了，甚至一辈子都停留在这个阶段上了。这是为什么呢？原因很简单，他们的"胃口"太小了，小小的一点成绩就把他们喂饱了，他们"知足"了，所以也麻木了。

这些人其实就是恃才傲物、居功不讳的人。这些人才华虽高，却空惹横祸，功劳虽多，过失却更高，所以他们的下场只有一个，那就是"才华被腰斩，兔死即狗烹"。

关羽乃一世英雄，甚至堪称"百战百胜"，却被吕蒙的一顿"称词颂语"外加一些礼物迷糊了头脑，不可一世，从而放松了警惕，致使孙权与曹操联盟有机可乘，偷袭荆州。城池失守也罢，关羽竟也被生擒斩首，成了刀下之鬼，令人看了谁不叹气？然而，这也告诉我们一个道理：纵然功劳千万，才华如斗，也切不可居功自傲、目中无人，失了利益是小事，丢了性命才是大事了。

对于二十几岁的年轻人来说，自高自大尤其要列为极大的忌讳，即便身负才华八斗，你也要明白，才华实乃身外物，能够施展开来，那它就能价值连城、贵比金银；如果连施展的机会都没有就"香消玉殒了"，那它连废铜烂铁都不如，这也实在是人生的悲剧。

让下面的例子再次为我们敲响警钟吧：

唐朝时期曾出了一名诗文一流的才子叫萧颖士，他声名远播，很多人都十分敬仰他。然而这位“闻名国际”的大名人虽然19岁就中了进士，但此后却一直仕途不顺，甚至一生落魄，数次被问责丢官，原因是“政绩太差，没有执行力”。

萧颖士为何一再被贬官呢？其实倒不是他的能力不够，只是他太过傲慢不屑于做事，比如有一次他受命去搜求遗书，这并不是一件难办的事，然而萧颖士却“久未复命”，最终被劾免官。

据载，萧颖士自从中了进士后，就恃才傲物，为人非常狂傲无礼，任职期间经常携着一壶酒到野外喝酒玩乐，恣意山水，荒废了政绩。有一次，遇到暴风雨，萧颖士碰到一位领小孩的紫衣老人在避雨，竟然对其冷言冷语，大肆奚落。风散雨停后，很多车都来接这位老人，原来这位老人竟然是吏部尚书，萧颖士大惊失色，连忙前往拜见致歉，求了好几次，尚书均不予接见。后来，萧颖士亲自写了一封长信致歉谢罪，这位尚书才终于接见了他，他只对萧颖士说了一句话：如果你是我的亲戚的话，我一定狠狠地责备你。

谁知，萧颖士受到尚书的批评后，并无悔过之意，仍然自恃才高狂妄一时，最后死于任上，一生都没什么值得称道的业绩。

可以说，萧颖士的一身才华都因为他的狂傲本性给荒废了，才华不得施展，犹如利刃被搁置，良木被腐朽，一身的本领都归于尘土。

现在有一个名词叫做“有才华的穷人”就是指那些才高八斗却目光如鼠之辈，他们不懂得深藏不露、择机而动，才是明智的举动。过于张扬自己的个性，炫耀自己的才华，其结果只有一个，那就是“出头的椽子先烂”。过分招摇只会招致对自己的损害，甚至遭到小人的戕害，古语云“满招损，谦受益”，低调一点，不仅显示出自己谦虚好学的一面，同时也有利于自我的保护。

谦虚，克制和忍耐，对于二十几岁的人来说，是极其难得的品质，也是做人的真学问，凡是真正有才华且有智慧的人，往往才能“聚水成海，孚众成王”。

所以，即使我们拥有“一览众山小”的机遇，也别慌着自我陶醉。在你麻痹大意，自我陶醉的时候，往往就是最危险的时候，这时，只要你脚下的一粒石子有了松动，你就有堕入深渊的危险。

回观历史，多少大师、伟人们往往都是一世低调、默默无闻，他们爬上了一个山头又爬上另一个山头，却从不炫耀他们的辉煌，其实鲜花和掌声应该送给他们才对。所以，请牢牢记得这个教训：谦虚是行进的基石，是成功的阶梯；而骄傲和狂妄，只是害你陷入失败的泥潭。年轻人一生都要小心提防这样的泥潭才是。

聪明之人不自招妒忌

谈起妒忌心理我们再熟悉不过了，例如小时候我们会因为别人的杰出才能，别人的甚至别人一件新衣服而心生妒忌，这是一种再正常不过的心理。在爱情中，妒忌有一个同义词，叫“吃醋”，假如你看到自己的女友在跟别的帅哥搭讪，而且还聊得火热，这时我们就会“醋意大发”，这其实就是妒忌。

现在妒忌多被当做贬义词，这是因为妒忌心理多被小人利用了，小人之“小”在于，他会为了维护自己的利益，为了防止他人不会侵害或影响到自己的利益而无所不用其极，“暗箭伤人”是他们最常用到的伎俩。

我们步入社会，对待君子之妒忌倒无须担忧什么，最需担忧的是小人之妒忌，我们常说一句话“人在江湖漂，哪能不挨刀”，这些刀也多半出自小人之手。尤其对于有才华或某方面能力卓越之人来说，最需防备小人心，切莫落得个“出师未捷身先死，常使英雄泪满襟”的悲剧下场。

有人说“不遭人妒是庸才”，这话当然有一定道理，但是它忽略了一个重要事实：那就是可以遭人妒忌，但是不要遭小人妒忌，因为小人的妒忌就像一条毒蛇，只要我们稍加仁慈，它们就像咬死农夫的毒蛇一样，将我们咬得遍体鳞伤、体无完肤。

我们都知道在北极的冰天雪地中生活着一群智慧的人，他们就是爱斯基摩人。他们出行都是靠雪橇，而拉动雪橇要靠一种动物，那就是狗，但是如何驯服狗，让它们乖乖地拉动雪橇呢？爱斯基摩人想出了一个十分聪明的办法：将一群狗分为领狗和力狗，领狗只有一只，其余的都是力狗。领狗和力狗要分开圈养，他们让领狗吃最好的食物，睡最好的狗舍，还从来不打它；而力狗呢，每次只分给它们有限的食物，没有一顿是管饱的，给它们睡冰冷的大通道，拉雪橇的时候稍不用心就是一顿皮鞭。

就这样，奇妙的情况出现了：拉雪橇的时候，力狗们因为妒忌领狗，就拼命往前跑，企图追上领狗咬它几口，出出恶气；领狗为了逃避后面的攻击也在拼命奔跑。聪明的爱斯基摩人将领狗的缰绳设计的比力狗长了两尺，这两尺的距离就体现出了爱斯基摩人的智慧：力狗因为“差一点就能够着领狗的尾巴”的诱惑而全力奔跑；领狗则因“差一点就被咬到”的危机而拼命逃奔。

于是，雪橇得以飞奔如流。

从这个故事里我们看到妒忌所产生的恐怖力量。

上面讲的是动物间的妒忌心理，而人又何异于动物呢？有的时候，人一旦妒忌起来比动物有过之而无不及。如果我们碰到头脑简单的爱妒忌的小人，这还算走运，因为他顶多"口水三千"、直呼大骂，要不就是"手脚嘴并用"，这种伤害很直接，也相对容易阻止，我们只需拿出法律的武器，就能维护我们自己的权益。最怕的就是"有文化的妒忌小人"，他妒忌你，但是他不告诉你，而且表面还对你亲如一家，背地里却"暗箭伤人"、"机关用尽"。

再来看一个现实中的例子：

在一家机关单位里有七八个工作人员清一色都是中青年女性，她们平时没什么业务，多半时间都是看看报、喝喝茶、聊聊家长里短什么的。女人的嘴就像"矛盾产生器"，没有矛盾也能给你制造点矛盾出来，所以，平时她们也常发生些鸡毛蒜皮的纠纷。

这一天，办公室来了一个新同事，是个二十几岁的女大学生，叫张蕾，长得漂亮、聪明、能干，还特别有教养。这下办公室的平衡被打破了。张蕾才来没几天就受到大家一致地冷落甚至是数落。只要她一离开办公室，这些女人们的话题就会变成对她的批斗会，大家之前的所有纠纷和矛盾纷纷退位了，原因嘛，不言自明，"一致对外"嘛。

张蕾怎么都不明白，自己为什么这么不受欢迎，自己那么积极，那么勤恳，还姐姐长姐姐短地献殷勤，难道都错了吗？

有一次，张蕾抄报告的时候，把一个数据弄错了，这时办公室顿时像炸了锅，上司本来不打算追究的，然而这些女同胞们却死死不放，最后张蕾只得引咎辞职。

妒忌，有时候就是这样来得蛮不讲理，但很多时候，那些毫无准备的人和有才华的人却总是吃这样的亏。

对于我们年轻人来说，哭诉"人人为己"毫无用处，抱怨"小人当道"也无法解决问题，因为世界就是这个样子的，世上不可能全是君子，也不可能全是小人。人在江湖就如身在丛林，"林子里什么鸟都有"，谁都有生存在这里的权利。我们要做的就是掌握“丛林”法则，找到适合自己的生存技巧，规避伤害，使自己生存下去，并最终使自己出类拔萃。

那么，年轻人究竟该如何规避妒忌带来的伤害呢？

那就是适度低调和沉默，每到一个新地方，不要毫无顾忌地把你的“家底”全都抖出来，收敛起自己的锋芒和刺；适度示弱，也是一个不错的规避妒忌伤害的好办法，尤其针对那些小心眼的人，我们要适度宽容和忍让，让名或让利，用尊重和仁爱来化解“不明不白之怨”，这些都是躲避那些善妒小人的有效方法。

不遭人妒是庸才，但“招人妒者是蠢才”，只有聪明的人才能在别人的妒忌中明哲保身，且能步步高升。愿年轻的你也能成为这样的聪明人。

韬光养晦，伺机而动

如果大家仔细观察的话，会发现在北方很多花儿如腊梅、杏花、海棠……这些花儿的花蕾往往会在枝头上挂很长的时间，但是在某一天早上人们会发现他们似乎一夜之间全部绽放，让人体会到忽如一夜春风来，千树万树花儿开了。这是因为北方地处高纬度地区，那里冬天漫长，春天短暂。春天即使来了，天气也往往要有很多的反复，白天可能艳阳高照的，而晚上经常会有有寒流侵入，这样，在一天之间，温差是很大。在这种气候中，花儿如果贸然开放，必会被无情的寒风零落成泥碾作尘，还未释放自己的美丽与芬芳，便只能与大地亲密接触。

所以，聪明的花儿善于等待，他们一直处于含苞待放的状态，避开寒风的肆虐摧残，寻找最佳的开放时机。它们可能会等一个星期，或者更长的时间，直到某个适宜的时间便努力绽放自己的芬芳，让人们一夜之间看到花开满城。

在当今的社会里，年轻人应该以低调的姿态进入职场，不要把自己的才华一下子绽放出来，那样更容易引来别人的嫉妒，年轻人应该学会韬光养晦，深藏不露，这样才能够避免陷入偏激的生活陷阱之中。稳健地完善自己，用低调演绎人生的和谐与精彩，但这并不意味着行为上的消极，年轻人应该积极地储备各种能量，保持心理世界的宁静，不轻易为外界所诱惑。

对于我们二十几岁的人来说，很多人在实际生活中却不懂得隐藏自己的光芒，特别是刚进入职场的年轻人，等到被摔下来的时候，有些人才能真正懂得那个道理。刚踏入职场的年轻人，大家都壮志凌云，摩拳擦掌，恨不能赶紧做出一番成绩，特别是崇尚“人不轻狂枉少年”，且有一些才华的年轻人，对于职场上学历比自己低的前辈，不虚心讨教，反而目中无人，在不知不觉中得罪了其他同事，等到自己碰到困难，没有人会伸手帮助，最终不得不以悲凉的姿态离开职场。

聪明的人善于等待，避开不可知的灾难。这种等待，不是消极懈怠，而是积攒力量；不是徘徊犹豫，而是韬光养晦，一旦时机成熟，便把积蓄的力量全部爆发出来，学会了等待，定会绚烂夺目，芳香四溢。

大家都知道历史上的姬昌曾经被商纣王囚禁在羑里（今河南汤阴县），商纣王想利用这个手段打击周族人的力量。当时周文王并没有因此一蹶不振，他没有放弃寻找出狱的机会，时间慢慢地过去，在囚禁中，他每天都在苦思冥想出狱后如何击败纣王，后来，他示意周公用土地换人，最终被救出监狱。出狱后，他一面向纣王献地，请求免除酷刑，取得纣王的信任，另一方面他访贤任能，整顿内部，认真做好各种准备。为了扩大政治影响，他不断对外用兵，到他晚年时，已经取得了当时天下三分之二的土地，对商都朝歌已形成了进逼之势，为攻灭商朝奠定了基础。在大功垂成的时候，姬昌得了重病，他在死前嘱咐自己的儿子姬发要抓住时机，在他死后，他的儿子终于灭掉了商纣王朝。

姬昌之所以能胜纣王，在于他懂得韬光养晦，在时机不适应的时候，能够沉住气，同时能够为战胜纣王而积极储备各种能量，不然以纣王的智商，怎么会不防范姬昌出狱后的作为。姬昌知道任何风吹草动，都会给他周族带来灭顶之灾，他能一忍再忍，一直到生病而死都没有造反，让纣王松懈了防备之心，为他的儿子伐纣换取决定胜负的时间、人力与时机。

韬光养晦，伺机而动是为人处世的一种策略，也是做人处事的一门学问，这个道理不仅仅适用于刚进入职场的年轻人，它适用于人的一生。在漫长的人生路上，年轻人应当时时刻刻提醒自己，低调做人，在力量还不够强大的时候，积蓄实力，在环境比较恶劣的时候远离是非，在自身实力比较弱小的时候远离斗争，因为这个时候即使是微小的波动也是实力虚弱的自己难以承受的。等待羽翼丰满之时，一旦有机会就要奋力出击，一击即中，取得最后的胜利。

大器量者更容易成大事

一个容器能装多少水取决于它的容量，如一个5毫升的瓶子就只能装5毫升的水，不可能装5升的水。我们每个人都如同一个容器，它有多大的器量，就决定了它的极限，一个人要取得成功不仅取决于它的个性，同时也取决于它器量的大小，对于器量小的人，不管他怎么努力都是徒劳。从古至今，成大事者无一不都是大器量者。

在当今社会，有器量的人更容易成就大事，古话说得好，三十年河东三十年河西，现在的生活节奏太快，谁都不能预料下一秒会发生什么事，或许今天你高高在上，你的身边有一群奉承你的人，而下一秒你便一无所有，众叛亲离。所以一个智者，不论在什么时候，不管是身居高位，或者只是一个普通的办事员，都必须拥有大器量。

三国时期，袁绍和曹操两人都想统一北方，而在开始的时候，曹操比袁绍的实力弱得多，但是袁绍的器量太小，他把自己的朋友推到敌人的位置上，官渡之战中两军未战先损将，将田丰、沮授这样优秀的人才下到监牢里，并在战败后把田丰杀了。袁绍对别人很多疑，在和别人交往和共事的过程中树立了太多的敌手，而曹操虽然开始的时候"硬件"条件很弱，但是他个人器量很大，有一种可以包容别人的气势，对待别人都特别的宽容，能容下袁绍不能容的人，所以最后取得胜利的是曹操。由此可以看出一个人的事业成就的多大取决于他的器量的大小。

每一个成功者，他的成功都包含了其他人的智慧与帮助，都不会是单打独斗的结果，当然要得到别人的智慧与帮助，必须拥有大器量，学会宽容和迁就别人。一个人不管出于什么状态，若想要成功都必须要拥有大的器量，机遇是给那些有准备的人，只有你的器量够大，你才能更容易的成就一番事业。

低姿态是赢得人心的资本

低姿态是指不高傲，不武断，不摆架子，不盛气凌人，平易近人，谦卑待人，善于听取其他人的意见。人如果在与人相处时能表现出合适的低姿态，就可以拉近人与人之间的距离，营造出融洽的气氛，也可以赢得人心，更容易地取得成功。

学过太极的人都知道，不论是太极剑还是太极拳，都讲究外柔内刚，刚柔相济，以柔克刚。一个聪明的人应该学学太极拳的内涵，外柔内刚，特别在与人相处上，不管是对待什么样的人，都应该以低姿态的方式。比如遇到一个可以帮助自己的人，以低姿态的方式对待，更容易赢得别人的好感，取得别人的信任。若是遇到与自己势均力敌的对手时，如果处处显示出自己的强势，那么反而会增强敌人的警惕心理，难以取得胜利，若表现得低调点，示人以弱，那么可能会使对方掉以轻心，而你的取胜的机会也就增加了。

不管你是公司职员或者是领导都应该懂得低姿态是赢得人心的手段。一般领导都更喜欢那些姿态上低调、工作踏实的员工，这样的人更容易被领导委以重任，而且也更容易赢得其他员工的支持，如果要推选一个新的领导人，大家肯定都更愿意选择在平时生活中低姿态的人而不是那种高高在上、目中无人的人。作为领导就更要放低自己的姿态，平和对待员工，这也是一份赢得人心的资本。越是低姿态的人，越是容易受人拥护。

《三国演义》中有一段著名的故事——“三顾茅庐”。刘备听说诸葛亮很有才华，便带着礼物到隆中卧龙岗去请他出山。第一次去的时候，恰巧诸葛亮不在，只能失望而回。第二次刘备又和关羽、张飞冒着大风雪去请诸葛亮，不料诸葛亮又出外。过了一些时候，刘备准备再去请诸葛亮时，关羽及张飞都不同意刘备用这么谦卑的姿态去请诸葛亮，劝说刘备不用去了，但是刘备坚持自己的观点并批评了他们俩，然后和他俩第三次访诸葛亮，这次诸葛亮刚好在睡觉。刘备不敢惊动他，一直站到诸葛亮醒来才请求见面，诚恳地请他帮助，诸葛亮见刘备这么低姿态地请求自己的帮助，而且这么有诚心就出全力帮助刘备建立蜀汉皇朝。

其实在刘备去请诸葛亮出山之前已经有人也“三顾茅庐”了，这人就是曹操派出的典韦将军。他第一次去的时候，路上感染风寒就打道回府，接着他让部下再去，一共也是三次，但是他们的三顾茅庐却失败了。很明显，诸葛先生更被刘备的低姿态给感动，不然同样是“三顾茅庐”他怎么不选择曹操而选择刘备呢，试想如果刘备当时也不是亲自前往，而是让自己部下去，而曹操三次都亲自前去，那么可能历史就要改写，从这里就可以看出来低姿态有多么的重要，它是赢得人心的资本。

人生的路上总是充满坎坷的，特别是对于那些刚进入职场的年轻人，对于社会还不太了解，相对而言碰到的荆棘就会更多，但是如果你能懂得低姿态待人，那么将会更快收服别人的心，在困难的时候也更容易得到别人的帮助，低姿态并不是叫我们懦弱，也不是让我们自卑，它是一种美德、一种风度，只是让我们保持谦虚，尊重别人，宽容，待人诚恳。当然，该坚持的真理还是要坚持，该争取的利益还是要争取，要做到外柔内刚。

亚里士多德曾经说过：高标准的目标和低姿态的言行的和谐统一是造就厚重而辉煌人生的必备条件。由此可知低姿态是一个成功人士所必须要拥有的。唯有“低”，才能得到别人的帮助，才能更容易获得成功。让我们都学习太极的精神，外柔内刚，做个有智慧的人，低姿态待人，为自己心目中的成功而努力。

低调为人，主动让功

不少人都存在着这样的疑问：我明明在工作中表现得很好，可老板就是不赏识，不仅不被赏识，还处处遭到打压。连同事们都不愿意同我交往。他们是不是嫉妒我业绩太突出了呢？要解答这个困惑并不难，既然你认定自己做得很好，那说明你具备很强的工作能力，换句话说，这个人的智商还是很高的。但是在职场中光有智商是远远不够的，很多时候职场中的潜规则是：做事不如做人，人脉决定成败。

我国有句古话叫“木秀于林，风必摧之；堆出于岸，流必湍之；行高于人，众必非之”，现在很多人都对这句话表示不屑一顾，认为这是封建思想的残留，是对人能力的否定，是阻碍人进取的绊脚石，一定要彻底地砸破而后快。然而，我们冷静地思考一下，现代社会的人际关系盘根错节，比起古人的生活恐怕要复杂千倍万倍，而古人尚且知道要低调为人，难道现代社会反而用不着了吗？

纵观古今，有很多才高八斗却因行事狂妄之人惨死在当权者的屠刀下，曹操的主簿杨修就是很好的一个例子：

据说曹操和杨修两人曾一起骑马路过一个地方，路边立着一块大石头，上书“黄绢幼妇，外孙齑臼”八个大字。曹操对杨修说：“这是古人出的字谜，我们两个比试一下，看谁能先破解其中的含义，谁先猜出了就写到手心里。”于是二人开始低头不语，潜心琢磨，不一会儿，曹操看到杨修低头在手心里写字，知道杨修已经猜到了，心里未免着急，又走了三十里远的距离，曹操才对杨修说：“我也猜到了，是‘绝妙好词’几个字。你我的智慧差了三十里远啊！”

细听之下，曹操的最后一句话说得很违心。这样一个生性多疑又妒忌心强的人，坦言手下的能力盖过了自己，这种滋味恐怕不太好受吧。而当时杨修正处在一片志得意满的掌声中，根本不会顾虑到曹操此时的心情。此事一出，曹操心里开始有了芥蒂，而日后杨修又自恃聪明的多次犯了同样的错误，终于令曹操借“鸡肋”之力，将其一次铲除。可惜杨修天资聪慧，也只活了短短三十八载春秋。

由此可见，领导是需要特殊安全感的一个群体，这种特殊安全感的来源就是他的下属们。为人下属，办事一窍不通自然是不行的，但样样精通，聪明外露也是大忌。领导需要树立一个绝对的权威以统领全局，可是巧舌如簧的你，只凭三言两语就把他苦心经营起来的权威打得支离破碎，领导颜面扫地之时必然会对你很有看法，这个时候，不论你平常多么功勋卓著、学富五车，都不在重用范围之内。假如自己平常能低调一点，有了功劳多往领导身上推推，有了好处多让一些给同事，那么最后的结局一定是不错的。不要总觉得全世界只有自己最聪明最能干，其实能和你一起工作的人中，没有人是傻子，只是大家都能够谦卑低调，才把可能出现危险的指数降到最低。而你偏要迎着炮火前进，那最终不是当炮灰还能当什么？

当然，这样说并不是要大家都变得畏首畏尾，每天顶着一张谄媚的脸游走在职场中。只是强调这个“度”的作用，十分聪明，那么就要隐藏三分，只表现七分给大家看，说话时也要谦和一些，不要因为有了些许功绩就肆无忌惮地对别人颐指气使。况且，低调和谦和的处世态度对自己身心也起到了很好的修炼作用。如果职场中人，都可以这样去要求自己，那么其中的气氛会好得多，无论对个人还是集体也都是非常有利的。

藏匿锋芒，“不为天下先”

《道德经》里面说：“我有三宝，持而保之。一曰慈，二曰俭，三曰不敢为天下先。”慈和俭本就是我们中华民族的传统美德，在此不赘述。至于第三条的“不敢为天下先”，很多人会有反对意见：现在的社会就是提倡人格自主,人性解放,赞同人有自己的想法。就连歌词中都唱“我就站在舞台中间”,这是一种多么强烈的自我精神啊!为什么还要说“不敢为天下先”呢?

其实,歌词并没有错。唱词是艺术,艺术自然要源于生活而又高于生活,它这样唱完全是为了给人一种喷薄而出的原动力,让人在沮丧中依然能够坚强地前进。但我们生活在现实中,现实与艺术相比,是单调而乏味的。在现实生活面前,我们不能抱有太多幻想,否则会被坚硬的现实打得粉身碎骨。

道家强调“不敢为天下先”并不是让人们在世上活得庸庸碌碌、毫无建树,它包含了老子的一种无为思想在里面。老子认为,一个人完成一件事情之后就应该低调退出,而不应该在那里自矜自夸;并且,当一个人处于高位的时候,更要懂得居安思危,要懂得收敛锋芒,以免成为众矢之的。大功告成之时,鲜花和掌声接踵而来,很多人被冲昏了头脑,忘记了在黑暗处盯着自己的一双双妒忌的眼睛,忽视了接下来可能会出现的陷阱。此时的他认为自己功德无量,无人能与之媲美了,索性就过起了“我老大,天老二”的日子,这样的想法一出现,危险也就在不远处招手了。

雍正时的抚远大将军年羹尧可谓煊赫一时,作为一名封疆大吏,更重要的是雍正皇帝的亲友团人员,他享受到了比别人都高一级别的待遇。而且又平息了青海的少数民族叛乱,一时间声名大噪,皇帝对他更是宠信有加。然而,年羹尧作为一介武夫,可能也没想到自古祸福相依的道理,于是仗着主子的宠信变得更加骄横。他从边疆回到京城时,雍正皇帝亲自出城迎接,并且命令百官跪迎。只见年大将军雄赳赳气昂昂地骑在高头大马上,志得意满地看着趴在自己马下的数百名官员们,向着不远处的雍正驰马而去。这样的场面出现在皇帝面前,就算皇帝是个弱智也应该觉得脸上挂不住,更何况雍正本身就是个猜忌心重,杀伐心狠的人,见臣下这样不恭敬,心里早就起了杀心。再说趴了一地的大臣们，表面上不说，心里都是不爽的：同为人臣，我凭什么朝拜你啊？如此一来，年羹尧无形中成了孤家寡人，这一次不经意地耀武扬威竟成了他殒命的导火线，终于被一纸诏书结束了半生的戎马生涯。

不知年羹尧是否晓得，功德圆满也就意味着功高盖主，而功高盖主之时，其结局则可想而知。

为人处世时应该谨慎，位置越高就应该让自己坐得更稳，学会藏匿锋芒，稳妥处世。

谨慎处事，介于才与不才之间

现在很多人都在疑惑：在工作中，自己表现得是应该机灵一点还是应当装点傻。其实机灵和装傻都是具体问题具体分析的，两种态度都是不同场合的产物，有什么样的场合，就要表现什么样的态度。《南华经》里讲了这样一个故事：

孔子带着众弟子周游列国时路过一片树林，那里有伐木工人正在伐树。子路看到一棵长得高大笔挺的树木被砍倒了，但旁边一棵歪歪扭扭、表面又凹凸不平的树完好无损的立在那里，子路疑惑地问孔子："老师，为什么这棵笔直的大树会被砍掉，而那棵歪歪扭扭的树却没人动它？"孔子说："因为笔直的大树是成材的树木，可以用来悬梁架桥，而那棵歪树不是建筑的材料，什么也不能做。"

他们继续前行，到了一户农舍，主人见有客人来，就要杀鹅款待。于是从一群鹅中挑出了一只不会叫的哑巴鹅拿来杀了。子路心下疑惑，又请教孔子:“老师,白天的那棵大树因为成材才会被人砍伐掉,现在这只鹅又因为不会叫被主人杀掉。成才的也被杀,不成才的也不得好死,那么究竟怎么做才能保全自己呢?”孔子一笑:“那就在才与不才之间吧!”

才华横溢自然是好的,心智行动总是遥遥领先,令无数平凡之辈望尘莫及。但没有人愿意和这种天才长期共事,因为活在天才身边,觉得自己就像是一个跳梁小丑,人家一个小时就能搞定的事情,自己需要一个星期去完成,长此下去,自尊就在这种能力的失衡中消磨殆尽了。当然,也没有人愿意和一个傻瓜在一起工作,因为傻瓜傻到连最起码的生活能力都没有,更别提有精力去工作了,这样一来,所有的工作负担就都落到了一个人头上,早出晚归、披星戴月都在所难免。

太傻不行,太机灵也不行,那就只有像孔子说得介于“才与不才”之间了。这是儒家思想里的一种中庸之道,在难于取舍的现实面前去选择一种不左不右、不偏不倚的道路来走,这样的道路既没有超越常规,也没有违背自己的良心,可以说是一种大智慧。

现在的很多人都觉得工作很难做,老板难伺候。在工作中,自己要是展露才华,怕老板见疑;默默无闻呢,又恐老板见弃。见疑见弃的结果恐怕都是灰头土脸地离开心爱的岗位,两者虽是两个极端,但还是殊途同归。这个时候,人类的情商就要起作用了。上级交付的份内之事,一定要尽心尽力去做好,无论什么时候,首先做好自己的事才会有发言权。而对于自己不能胜任的事,或者是不该自己去管的事情就一定不要插手,别人的工作范围,你为什么要跟着瞎起哄呢?将心比心想一想,自己工作时,别人在一边自以为是地指手画脚,你的心里是什么滋味呢?赵匡胤说过:“卧榻之侧,岂容他人安眠?”当然,他这句话是针对南唐后主来说得,但家国一体,同理可证,这句话用到此处也是非常恰当的。所以说,在工作中一定要学会找准自己的位置，凡事三思并且量力而行。不要认为自己帮了别人的忙，人家就会对你感恩戴德，相反，很多人会因此而产生戒备心理：你这么强的工作能力，抢了我的饭碗怎么办啊！再者，从自身角度来说，也不要以能插手别人的工作为荣幸，职场中的一切事宜都关系着责任，一旦你接手了这件事，就意味着你成为了这份责任的载体。

君子相时而动，自古贤人韬光遁世实在是为保护自己，避免出现不必要的牺牲。有实力而不被人嫉恨，做到树大而不招风是一个人智慧的精妙之处。职场中能够呈如鱼得水之状态，有势如破竹之气势的同时，又能上下齐夸、人脉亨通，这样的人才是真正的高人。

第 5 章

沉住气，莫紧张，从容不迫面对关键时刻

在关键时刻，从容不迫的风度能够让你从众人中脱颖而出，成就大业。然而面对危机，面对众人的注视，面对过大的压力，面对自己非常在乎的事情，很少有人镇定自若，能够沉住气。年轻人更是因为缺少经验而容易紧张无措，我们要用一颗平常心来对待自己在乎的事。

从容不迫，成就大业

无论面对任何事情，镇定自若，从容不迫的人，人们会给予他更大的尊敬和敬畏。越是面临大的抉择，越应当举重若轻，从容镇定。越想成就大业的人，越应当让自己拥有这样的修养、风度，让自己更加自信更潇洒的同时才华得到更好的发挥，也就愈加能够接近成功。

古今中外的许多成功人士都具有从容不迫、指挥若定的气度和雅量，这使得他们得以屡屡化险为夷，他们镇静自若的功夫往往为人们所津津乐道。众所周知，魏晋是最讲究从容风度的时代，晋代历史上因淝水之战一举成名的宰相谢安就是一个典型的风度从容的人。在这场战争中还有一件趣事：

在淝水之战的决战时刻，大家都在紧张的等待着战争的结果，要知道这场战争决定着整个国家的兴亡，决定着东晋是否就此覆灭，同时也决定着当时无数贵族的家族命运，可以说，所有人都在紧张地关注着这场战争的结果，恨不能以身代替众将领打赢这场仗。当时的宰相谢安，却没有坐卧不宁，而是视若无其事地与他人下棋。其间，他侄子的捷报送到了，谢安看完信，默然无语，徐步走回棋局，若无其事地继续下棋。直到旁边的人心痒难耐，紧张不安地问他战局如何，他才轻描淡写地回答道“小孩子们打了胜仗”，这才是一代名相的风范。想那些一旦知道自己取得了一些成就，就激动不已，无心做任何事情的人，怎么能够成就大事业呢？

当然这件事还有一个很有意思的结尾，虽然谢安表面上不动声色，但是在回家时，木屐上的屐齿绊在了门槛上，可见他内心并不如表面上表现出来的一样平静。这也就是他可爱的地方，因为名相也是一个人，并不是神圣。

只是他的地位，风度要求他从容不迫，冷静自持。

由此可见，一个人想要成功，就必须有某种大家风范，从容不迫无疑是其中的一种。想一想，一个随时把自己的喜怒放在脸上，有一点小成绩就洋洋自得，到处炫耀的人，人们怎么会把事情放心的交给他？在成就中容易得意忘形的人，在挫折中更容易颓丧，一蹶不振。一个在关键时刻不能镇定自若的人，肯定会在压力，紧张下节节败退。

古人崇拜的侠士，是拥有“神勇”的人，是像荆轲一样面对威胁、面对紧张气氛面不改色的大人物，非有过人的勇武才可以。这样的“神勇”不同于“逞勇斗狠”的“勇”，“勇武”的人受不得侮辱，一言不合，拔剑而起，面色青赤；而“神勇”的人，永远不动声色，被激不怒，宠辱不惊，平时看不出如何，关键时刻却能够凭着自己的意志，凭着那份从容冷静取胜。

“从容”是被人们崇拜的一种风度，也可以说是中国人衡量一个人能否成功的标准之一，已经成为人们观念中根深蒂固的一种态度。人们会根据一个人在关键时刻的态度、表现来判断一个人是否值得信任，值得托付，值得追随，是否能够成就大业。如果你在关键时刻紧张，就会让人们感觉你没什么大出息，见不得世面，入不得大场合，同时你也就失去了成事的机遇。

再者，如果你真的临场紧张，就算早已准备好的事也会出现很多差错，何况，关键时刻，情况并不可能完全如你所预料，总会出现一点点偏差，如果没有一点随机应变的智慧，没有一点从容的风度，你真的就可能把事情搞砸，使自己陷于非常狼狈的状况中。不仅如此，事情的局面也会因为你个人的紧张而发生改变，也许会无法收拾，让人们对你从此失去信心。

人们需要的是在“行动的高温”里，仍能保持从容不迫气度的成功领导者，这种“高温”包括猛烈的批评、巨大的争议、超常的压力，也包括变革的挑战。在这种情况下，能够做到从容不迫，不只是一种勇气，也是一项技巧，更是一种气质。只有拥有这样素质,这样风度的人,才可能把事情做得更好,才能对随时可能出现的意外从容应对,游刃有余,才能带好一个团队,也才能达到人生的顶峰。

我们在平时就要锻炼自己从容不迫,镇定自若的态度,“不以物喜,不以己悲”才能在关键时刻发挥出最高水平,越是紧张的时刻,就越有急智。

紧张是人前显贵的大敌

紧张是在人前显示自己、展现自己风采、赢得尊重和机遇的大敌。试想一个不能克服自己紧张情绪的人,在面对众人时,战战兢兢、不敢开口,或者是结结巴巴、汗如雨下,这样的人怎么能够承担大任呢?又怎能赢得别人的认可和尊重呢?即使机会来到面前,也会因为你的紧张胆怯而飞走。

想要在人前展示自己的才华,就要锻炼自己沉着冷静的素质,任何时候都不要紧张无措。因为越是紧张越发挥不好自己的本领,本来可以做得十分好的事情也会因为情绪的原因只能做到八分好。

如果在众人或者显贵之人面前紧张无措,那么在气度方面已经落了下乘,还敢谈什么闻达于显贵呢?还谈什么逐鹿问鼎?还谈什么成功?可见一个人想要人前显贵,就必须首先克服自己的紧张情绪。让自己沉住气,稳住神,有沉稳的气度,才能开创大的事业。那么,怎样才能克服自己的紧张情绪呢?

第一,要增加自己的自信。一个人如果是自信的,那么他紧张的可能就减少了很多。因为他对自己的能力,对自己的应变力,有足够的充分的认识,认为无论出现何种情况,他都能够应对自如,有怎么会紧张无措呢?尤其是面对社会地位远远高于你的显贵之人,自信更是能够缓解紧张的一剂良药,相信他的社会地位和威严没什么了不起,也是他努力的结果,只要你有足够的努力,肯定也能够做到,就不会对权力地位有畏惧之心,心情自然也就放松了。

第二,以平常心对待关键时刻。不论是无关紧要的小事,还是关系生死存亡的大事,都要以一颗平常心来看待,谨慎,细心而不过于苛求结果。要知道再重大的事,再关键的时刻,失败也不可能毁掉你的一生。在《三国演义》中街亭那样重要的战略要地失守了,也不过是这一次的失败,并不妨碍下一次的出征。人生就是无数场战争,不可能因为一场战争的失败,而遭受全局的毁灭。现在看来非常重要的关键时刻,说不定日后站在成功的顶峰上来看不过是小菜一碟,以平常心对待每一个关键时刻,付出足够的努力和足够的细心谨慎就够了,没必要因此而坐卧不宁,寝食难安。

第三,做好充足的准备。才能在于平常的积累,不可能因为临时的奋斗而增长,所以,没有必要临阵磨枪,只要做好临场的准备,就可以了。有充足的准备,足够的积累,才能有自信,有自信才能把事情做好,才能发挥出更高的水平。

第四,转移对事情的注意力。如果你对某件事的来临真的非常紧张,不可控制,你可以做的唯一应急措施就是让自己转移对这件事的注意力,不要过于深思失败后果会怎样,成功结果会怎样。想一想别的事,想一想能够让你放松的事,当那件事真的来临了,你也许就不会恐慌了。人真正恐慌的不是事情本身,而是事情可能引起的后果。比如,你站在一尺宽的路面上不会害怕,如果这一尺宽的路在悬崖边上,你肯定战战兢兢,你是害怕一尺宽的路面,还是害怕掉下去的结果?

第五,用行动代替思。如果不确定结果如何,而是思前想后,就会产生越想越紧张，越想越害怕，甚至出现临阵退缩的情况。遇见这种情况，只要确定自己准备好了，就要毫不犹豫地冲上去，用自己的行动来代替思想，在行动中你会消除紧张情绪，逐渐恢复自信。

紧张是显贵的大敌，要想成功一定要克服自己临场紧张的情绪，要在平时就练就“泰山崩于前而面不改色”的沉着功夫，更要在临场时有几招缓解紧张的好招数，才能帮你在关键时刻展现出自己的才华、能力。

越在乎越容易失去

人们往往有这样的体验，一个人越是想得到某件东西，越是想办成某件事，越是想靠某个时刻扬名立万，就越容易出纰漏；越是想珍惜的东西越容易失去，越是想这次一定要做好，就越会把事情做得一塌糊涂。这大概是因为太紧张这件事，压力太大，而造成的行为失常吧。

有这样一个故事说：一个身经百战的老兵，上阵杀敌从来没有畏缩过，也从来没有害怕过。老了之后在家颐养天年，开始收藏古董，有一天他在擦拭古董的时候差点把一件古董掉到地上，幸好接住了，事后心扑通扑通地跳个不停……他忽然发现自己在战场上枪林弹雨的时候都没有如此的害怕过，现在居然因为一个花瓶吓成这样！他发现，凡事若是太在乎，就会变得小心翼翼、畏首畏尾，最后他就亲手把那个花瓶砸碎了。

其实他还是太在乎这件事了，他对于自己会害怕，会恐惧这件事情看得太重了。人，谁没有恐惧之心？谁没有在乎的事？对于死亡都不怕的人，未必就对别的事能无动于衷。葛朗台不怕死但肯定会怕失去哪怕一丁点财产，每个人都有自己在乎的、珍惜的东西，而是否能对自己在乎的东西，有正确的态度就是一个人的智慧问题了。

对自己想要得到的东西越理智，越能够有把握，越是以一颗平常心对待，越能够平静，越能够冷静，也就越容易得到。而对自己想得到的东西，越是狂热，越是在乎，就会越紧张，反而越容易做错，越容易失去。

有一句话很俗，但是非常有道理“命中有时终究有，命中无时莫强求”。只要我们足够地努力了，结果不是我们能够掌控的，只能“谋事在人，成事在天”，这不仅仅是一种豁达的人生态度，也是处世应有的态度，越是对待想要的东西，想成就的事业，越是应该以一颗平常心来看待，“得之我幸，不得我命”没有必要死守着一个结果，把所有的宝都压在一次机遇或者一次成败上。

如果一个人把所有身家性命，都压在一件事情，或者一件东西上，那就是在做赌博，赌输了固然一无所有，赌赢了也会因为这一次过于惊心动魄而起了收手隐退的想法。赌博没有赢家，因为事业的赌博，庄家是上帝。

我们都知道，端汤的时候，越是紧张越是会把汤洒出来，或者把碗打碎。难道是汤太热的缘故吗？不过是自己的心情在作怪，越是在乎，就越是紧张害怕，越是害怕恐惧，越不能发挥出自己应有的水平，也就越容易失败，这本来是很好理解的事实，每个人都清楚，但不一定每个人都能够做到。

原因就在于“关心则乱”或者说“当局者迷”如果是别人的事，或者不那么重要的事，人们反而能够看开，反而能够因为态度的淡然、超脱，使事情处理得更加完美。再轻易的事以势在必得，偏执的态度来处理也会不尽如人意；再重大的事情，以举重若轻的态度来对待，就会超然物外，多一份理智也就多了一份胜算。

在关键时刻，或者对于重要的事，对于在乎的事，有一定程度的紧张是必然的，更加谨慎，更加慎重的态度也是合理的，但任何的审慎都不能超过限度。这个限度就是一个人的心理承受能力，如果觉得事情重要得超过了你的承受能力，不如就此放弃，因为不放弃很可能就会失败，也就失去了下一次的机会。

越在乎越想得到就会越紧张，越紧张就越容易失去。对于事情的成败，对于人生的得失，不妨看得淡一点，看得开才能得到。做人要用平常心，做事要用平常态，以平常心态才能成非常之事。

危急时刻处变不惊

一个人在危急时刻的表现，往往更能反映一个人的心理素质，也更能看出这个人是否具有成大事的能耐。危急时刻处变不惊往往是很多成功人士对自己的要求。

一个人越希望出人头地，就越应该锻炼自己在危急时刻镇静自若的本事，无论临时出了任何意外情况，也必须沉着以对，不能够紧张更不能手足无措。人必须要在危机的第一时间让自己冷静下来，只有冷静下来才能做出正确的判断，才能想出办法，办成大事。

人总是在恐慌中失去冷静和判断力，使本来容易解决的问题变得复杂起来。我们常常会看到这样的报道，某座大厦失火，因为众人的拥挤反而使大家都不能够逃离，结果因相互踩踏而死的人比葬身火海的人更多。难道真的在灾难中就没有足够的时间逃生吗？恐怕还是大家的恐慌心理在作祟，如果人群得到合理的疏散，能够保持秩序的撤离现场，相信大多数人都能够生还。在危急时刻，只有沉着冷静，机智应变，才能让你摆脱困境，从而改变命运。

任何一个危机的时刻，对于有足够冷静和智慧的人来说，也是一个机遇，一个功成名就、展现自己风采的绝佳机会。只要我们能够做到足够的冷静，就能生出足够的智慧，有了足够的智慧，无论怎样的危机都能够化解。在关键时刻，一看到危险就慌了神，自乱阵脚，无异于自取灭亡，而镇静下来细细分析危机中存在的那一点机会，分析危机中的漏洞，我们就可能发现，这个危险恰恰蕴藏着一个千载难逢的机遇。

赤壁之战就是一个很好的例子，面对八十万大军的进攻，孙权没有自乱阵脚，从没想过一个降字，反而四处搬救兵，讨谋略。最终在“蜀”国的帮助下，火烧赤壁，大败曹军，奠定了三国鼎立的局面。试想一下，如果对方号称百万大军，兵临城下，己方只有十万军队可供驱策，你有没有勇气说一个战字？就算勉强血气上涌决定征战，会不会是以卵击石？会不会和对方血拼？如果你侥幸胜了，怎能使自己的伤亡达到最小，保存实力，不被其他虎视眈眈的对方吞灭掉？在如此危急的情况下尚能保持头脑清醒，谋划战机，多方考虑，并能最终取胜，可以说“赤壁之战”就是一个奇迹，身为吴国领袖的孙权无疑是非常优秀的，难怪身为一代枭雄的曹操都感慨“生子当如孙仲谋”。

很多时候，人们的失败不是因为力量薄弱，智力低下，而是周围环境的威慑——面对险境，很多人早就失去了平静的心态，自己慌了手脚，乱了方寸，怎么还能奢望看到事情可能出现的转机？

危急时刻我们首先要做到镇静，以冷静的心态，随机应变，才能把危机变成对自己有利的事情。最可怕的是听到一声“咕咚来了”就随众慌乱，大失分寸，那不仅失去了一个成事者应有的风度，同时也失去了把握事情转机的能力。

如果，事情还没有转机，首先要做的就是“以静制动”，“静”并不意味着不动，在静的同时，形势在变化，机会也在转换。在紧急时刻，应临危不乱，处变不惊，以不变应万变，冷静地观察形势的变换，寻找最佳的出击时机。

如果观察到了危机中的漏洞，或者随着局势的变化，察觉到了生机，就应该凭着自己的敏锐和果断，突破危机，随机应变。这样才能够在急中生智，改变自己危险的处境。

危险时刻，镇定固然重要，然而急智更重要，沉着镇定可能是性格使然，急智却出于日常的积累。要在千钧一发的紧要关头显示出镇定自若的大将之风，并且能够急中生智，可不是一日之功，这需要我们在平时就锻炼自己有条不紊的素质。

年轻人做事要有条不紊

年轻人想要在关键时刻从容不迫，镇定自若，就要在平时注意培养自己做事有条不紊的习惯。只有习惯才能创造奇迹，只有做事有条理才能理清思路，然后用思路指导自己不慌不忙地做事。关键时刻的临危不乱来自于平时不慌不忙的积累。

如果你平时做事有条有理，总是不紧不慢，张弛有度，那么关键时刻只要把自己平时做事的习惯态度拿出来，就能够应对。如果你平时做事，都是兴致所至，没有一定的规律，也没有一定的习惯，总是想到哪里做到哪里，甚至是一团混乱，那么到临场之时肯定也是慌慌张张，毫无秩序。

但是很多年轻人做不到这一点，不是不想不慌不忙地做事，而是根本不知如何做起。这就要求我们必须有按照计划行事的习惯。

首先，在职场上或者在生活中，对于自己每天需要做的事，首先要心里有数，然后按照事情的轻重缓急，人的智力周期安排一个好的日程表。

一个好的日程表不仅仅是在几点钟做什么事那么简单，它包括对事情重要性的衡量；对事情的程序，可能花费的时间和精力，有一个明确的了解；对每件事的前后关系有明确的认知，比如，A 事处理不好，不妥帖，不干净利落，可能就会引起 B 事的无条理，甚至出现一件事情千头万绪，无法理清的情况所以必须要考虑某件事可能影响到的几件事，首先把这些处理好；对人在什么时候精力充沛，适合处理棘手的事情，什么时候思维比较混乱，应该做一些轻松的事或者无关紧要的事有一定程度的了解；对一些简单的有规律性的事要限定时间，并且尽量缩短时间；预留出一些时间处理可能发生的意外状况。

这才是一张完整的日程表应该有的面貌，这样的日程表就是一个整体计划，它是一环扣着一环的，任何环节的疏漏都可能引起不必要的麻烦。但任何的麻烦都能够在意外环节的时间里得到处理，渐渐地你会发现意外会越来越少，即使出了意外，只要查找过去就能明白在哪个环节出了问题，而不至于乱翻乱找，或者责任不清不明，或者“头痛医头，脚痛医脚”。

其次，就是严格按照计划做事，有了日程表不等于万事大吉了，好的计划还需要实际行动来支撑，如果你是一个不能按照计划做事的人，或者有好的计划但没有实际行动，那再完美的计划都要落空。事实上按照计划做事还有一个好处，就是能够养成一个人凡事三思而后行的好习惯。在长时间的按照计划行事之后，你会习惯性地把事情安排得井井有条，长此以往就算遇到再危急的情况，你也会经过一番仔细地策划之后再做事，就不会显得杂乱无章，也不会慌乱无措了。

最后，随时根据自己的进步，职务的不同，目标的不同，或者临时情况的变化，对自己的计划作出调整。能够随机应变才能够让事情显得更有条理，做得更顺利，如果只是按照计划做事，就和蠢牛木马没有什么区别，人和动物的区别就是人能够根据自己的思考,根据情况的变化作出最适合的调整。这样在遇到出乎自己意料之外的情况时才能够有足够的应急智慧。计划为的是积累做事的规律性,让自己不至于慌乱、无章法;而调整计划为的是训练自己根据实际情况作出最理智最快的反应,以应付意外情况,避免措手不及。

总之,年轻人在平时做事情时,既要有条不紊又要灵活机动,这样在关键时刻,或者遇见重大的事时才能随机应变,应付自如。

有明确的思路才有好的出路

每临大事要静心,是能够做成大事者的基本素质之一,越是作重大的决策,越是要心平气和、头脑冷静。周密地分析各种信息,判断局势才能作出负责、科学的决策。遇到大事之后,首先要做的不是想办法应对,而是整理自己的思路,有明确的思路和做每一步应有的准备,才能够有好的出路。

一个成熟的人想要做一件大事,肯定是用自己的思想来指导行动。也就是他首先要对自己将要做的事做一番考核、观察、调查,看一看实施的可能性是多少,要冒多大的风险,有多大的市场等,先要研究调查一番,才会开始规划,行动。

这样的调查非常重要,因为它决定着是否应该开始执行这项决策,周围的客观环境是否允许这样的行动,在商业上来说,也就是自己能否适应市场的需求,是否有市场,是否能盈利。在这项调查之后,可能就决定了做某件事,执行某个决策,但在执行这个决策之前,一定要对事情做一番完整的规划。

也就是说，要整理好自己的思路，想要达到什么目标？通过那几步来完成？在每一个步骤中可能遇到怎样的阻力和风险，用什么措施来预防和解决？当一个方案执行不下去的时候，有备用的二套三套方案吗？总之做一件事情千头万绪，没有一个明确的思路，极可能就绕在做事的迷魂阵当中，随时都在补漏洞，刚把前一个漏洞不好，这个漏洞又出来了，甚至做到一半，突然发现这个方案根本不可行，不但浪费了精力时间，更会让人们感觉疲倦和缺乏自信。甚至陷入左支右绌，杂乱无章中，找不到出路。

写文章有了基本的大纲，才能够写得顺利，才能够把握住重点。如果没有明确的纲目，只是兴之所至，文之所至，也就变成意识流小说了。做事情也是一样的，不能做到哪算哪，尤其是非常重大的事情，必须先有一个大概的思路，往哪个方向走，经过几个步骤，要在脑子里清晰地演示一遍步骤，真正做事的时候才能有章可循，也会更顺利。

再者，如果平时做事情就没有章法，没有明确的思路，那么，关键时刻到来的时候，我们也会因为准备不足，思路不够明晰，不够顺畅，而感觉事情没有头绪。处理一件事，首先要理清自己的思路，然后跟随思路去想具体的办法。一件事千头万绪，我们必须找到一个正确的开端才能做好，必须在一个明确的思想指导下认清形势，才能有必胜的信心和信念；人们必须看到明确的希望，明确的思路，才不会感到绝望、疲惫、厌倦。

任何一件事做久了，都会让人感到心生厌恶，感到没有出路。我们必须要有一个明确的思路来指导，让自己清楚我们已经有了什么样的进步？到达了怎样的阶段？已经有了怎样的成就？再坚持多久，就可以大功告成？不仅用来指导出路，还可以用来缓解疲倦心理。

充足的准备胜过任何的急智

人们之所以能够在关键时刻的临危不乱，想出好的处理方法，关键在于平时的智慧积累，在于事前的充足准备，才能够产生急智，自救于尴尬、困境。

有的人平时不怎么显眼，却总是在关键时刻能够发挥出让人惊叹的智慧，越是人多，越是在危急的时刻，有的人越能大放异彩；有的人则相反，平时一副才学满腹的样子，与人雄辩也是滔滔不绝，关键时刻却苍白了脸，无法应对突发状况，一副见不得世面的样子。这固然与一个人的性格素质有关，也与事前的准备，长期的积累是分不开的，任何的急智都来自于平时的积累。

三国时曹植能够在七步内成诗，绝不是一时心血来潮，再聪明机智的人，如果没有长期的做诗经验，没有应对大场面的智慧，恐怕也不能够在几步内成诗，也许就会因此命丧九泉。曹植的才学智慧，普天下的人都知道，都认可，但是恐怕在七步内成诗还是不太可能，因此，这件事只有一个解释，曹植早就知道兄长对他的妒忌之心，对兄长恨不能立刻除掉弟弟的心思早有戒备，对于他可能从自己的诗文聪慧方面下手早就提防着，因此才能在短短的时间内吟成一首诗。这首劝告和讽刺兄长的诗，不是一时兴起，而是长时间的预备；不仅仅是急智的结晶，更是长期准备的结果。

在处理任何事情时，人们都不可能因为一时的急智，而处理得非常完美。所谓的急中生智，其实是建立在长时间的处理某件事情，对某事的所有环节一清二楚的基础上，建立在长期为某件事做准备的基础上。面对关键时刻，或者重大事件，任何的急智都不可能胜过充分的准备。

俗话说“台上一分钟，台下十年功”就是这个意思，演员之所以能够在台上表现得那么精彩，与她们在台下的苦练功夫是分不开的。为什么有人能够“不鸣则已一鸣惊人”？他不鸣的时候在干什么？可以肯定地说，他在为自己一鸣动九霄做准备。古人常常说“十年磨一剑”，现代的年轻人也要有这样的意识，在做事之前要有充分的准备，这种准备分为两种。

一种是对于学识、智慧、经验的积累；一种是针对关键事做的准备。

前一种就像是大考之前无数年的学习准备，“养兵千日，用在一时”，“养”字非常重要，如果没有几年，十几年的学习，我们根本不可能做到好的发挥，你能够凭几日的学习就能实践应用吗？不可能，只有打下良好的基础，才能够在关键时刻发挥出惊人的才华。所谓“厚积薄发”就是这个意思，如果你积累的本来就少，就算你理解得再深刻，记忆得再牢固，也不免让人觉得浅薄。让人觉得一个人沉稳厚重，必定是一个人平日积累得多的缘故。

苏轼的父亲苏洵，年轻的时候颇有才智之名，但是为人轻浮，懒惰，虽有急智，但不能闻达于天下。二十六岁之后，苏洵渐渐地明白了事理，把之前所做的文章付之一炬，开始踏踏实实地积累，做文章，后来才成了天下闻名的文学家。他的两个儿子苏轼和苏辙也是靠着不断地努力，积累而闻名天下。天底下到处都有耍小聪明的人，然而要成大器还是需要不断地积累知识和阅历。特别是遇到重大的事件，或者关键时刻时，自己平日的积累就显得尤为重要。要知道只有知识，聪明积累到一定程度，才能成为智慧，有量变才能达到质变，这样才能在关键时刻急中生智。

后一种的意思是说，对关键时刻的来临，要有充分的准备。比如，你想在一场竞选当中脱颖而出，就要针对这次竞选的目的，人们对它的期盼有足够的了解，然后据此作出充分地准备，才能在竞选中有更出色的表现。美国的总统大选，议员们无不花费了大量的精力、时间、金钱做准备才在竞选中胜利。

想要在关键时刻表现得更好也一样，你要有针对性地对这次事情有心理准备，更要有方案准备，才可能抓住这次机遇。在关键时刻，充分的准备胜过任何的急智和小聪明，只有明白这一点，人们才能够踏实地做事情，为事情做准备，而不是处处寻找可能的机遇。

在关键时刻有准备才能冷静，才能沉住气，也才能从容自若地对待和处理事情。

数强相争，相信自己的力量

人们常常喜欢用类似“将门之风”之类的词语来表达某人的从容和风度。顾名思义，能成为将军的人必定是个身经百战之人，胆小鬼之流是不能与其同日而语的。泰山崩倒于面前也只是微微一笑，丝毫没有抱头鼠窜的迹象，要成为这种人，也是需要一番历练才成的。

我国古代部族或是朝代之间战事颇多，那时的人在上战场之前都喜欢拜佛烧香，或者求个护身符之类来保护自己平安无恙，然而我们都知道，到了战场那种九死一生的地方，人们精神都吓得恍恍惚惚了，意志都要散了，还要护身符做什么呢！

父子两人同时在战场上冲锋陷阵，许多年过去了，父亲已经是一名赫赫有名的将军，但儿子还只是一名马前卒。这一次临上战场前，父亲庄重地把一支套着精美箭套的箭交到儿子手里，并嘱咐他说：“这是支祖宗传下来的宝箭，你带在身上会让你有如神助，但是，不到杀尽最后一个敌人千万不要拿出来看。”儿子郑重地接过，心里高兴极了，他仿佛看到了敌军首领中箭的样子。在战场上，果然如父亲说得哪样，儿子所向披靡，杀得敌酋望风而逃，儿子得意之余忘记了父亲的劝告，在硝烟弥漫的战场上抽出了那支箭，然而，他惊呆了：这哪里是什么神箭，分明是一支连箭头都没有的断箭！一瞬间，他的意志崩塌了，觉得可以依靠的后盾突然倒下来，在他恍惚之中，敌人展开了大反攻，终于这位年轻的将军在乱战之中命丧黄泉。

读了这个故事后，我们不禁都替这位年轻的将军感到惋惜。堂堂七尺男儿，竟把身家性命押在一支箭上，看到箭是断的，他的意念就跟着崩塌了，从此一蹶不振而失去了生命。其实，箭的完整与否又有什么重要呢？如果他有着一颗顽强的心灵，有一个从容的态度，能够从内心做到藐视敌酋，那么结果又怎么会是这样！而这样的结果，也恰恰说明了他内心的虚弱。

我们很多现代人也喜欢用各种稀奇古怪的东西来寄托自己的精神，今天你参拜了一块石头，明天我参拜了一条河流，那表现完全不是有知识有文化的现代人的举动，倒有点像远古的图腾崇拜，其结果很可能就是：石头或者河流在某一天由于自然原因而产生了变化，这些人的精神图腾就随之崩溃了。陶行知先生说：“靠人靠天靠祖上，不算是好汉。”这就充分说明人们应当充分相信自己，驾着理想的船，扬起信念的风帆，哪怕有狂风巨浪在眼前，也能做到安之若素，有条不紊。这种从容的心态才是引导人们走向成功彼岸的灯塔！佛家讲的“八风吹不动，独坐紫金莲”也正是强调人应有独立而强大的精神人格，不应轻易地被外物所击倒。

一位同学在初入大学时想竞选学生会主席，为此她做了很充分的准备。终于公开演讲竞选的日子到了，她看着身边的对手们，突然感觉自己非常渺小，一定会输给别人的。时间一分一秒的过去，终于轮到她了，她满头冒虚汗，背下来的稿子也忘到九霄云外去了。结果，一场本应该妙语连珠的演讲被她讲得磕磕巴巴，最后在众人诧异的眼神中，她狼狈地逃下了讲台。

这样的结果，难道是因为她技不如人吗？非也，她本来可以讲得很好的，只是因为心态问题而与梦想失之交臂，实在是可惜！坦白地说，她是自己败给了自己。

一个人没有坚韧的意志力和强大的精神作为后盾，即便有再惊人的智慧也是枉然。在突如其来的灾难面前，镇定往往比智慧要珍贵得多。唯有镇定和自信才能让风雨中变得脆弱的智慧存活甚至挺立下去，最后开出花结出果来。

当代的年轻人们在读书增长自己智慧的同时不要忽视对自身心态性情的锤炼，为了在关键时刻，平日所谓的智慧不会随着紧张到筛糠的身体而蒸发得无影无踪，有了这个前提保障，智慧才能发挥它的极致作用，成为攻克一切的武器。

临危不乱，培养王者风范

才能是一个人抵达成功阶梯的必备因素，但满腹诗书总要有一个承载它的土壤和供它淋漓尽致发挥的一个坚实后盾。在这里，一个好的心理承受能力就凸显出来了。一个人若是没有一个坚强的内心，纵然再多的才华也会被湮没在岁月的风尘中，还未来得及派上用场就匆匆煞尾，实在可惜。历史上很多人物都是同时具备了才华和从容这两种基本因素，才使自己处于不败之地。

现在很多人的智商也许在古人之上，但是气度就远不及古人了。毛泽东在诗中说“乱云飞渡仍从容”，强调的就是这种气魄，这种经历了大风大浪之后沉淀下来的财富，如同吹尽狂沙始到金那般珍贵和难得。人们常说在最险要的地方才能看到最美的风景，悬崖固然惊心，但那却是观赏日出的最好去处，只要能压得住心中对于高处的恐慌，克服慌乱的情绪，抬起头时，迎接你的会是最美丽的风景。

我们很小的时候就学过完璧归赵的故事：蔺相如只身深入号称虎狼之国的强秦，面对秦王的威逼利诱，始终坚持立场，最后不仅保住了和氏璧，而且捍卫了自己祖国的尊严和领土的完整。令秦王这位站在对立面的对手，都对他肃然起敬，从此不敢再小觑赵国。

蔺相如以一介文臣之身踏上敌国的领土，势单力薄地迎接着周围虎视眈眈的目光，这样的场景，换了一般人怕是早已吓得瘫软了，而蔺相如却依然举止优雅又不失气势地压住了对他怀有敌意的人们，凭着这样一副气度令从不服软的秦王败下阵来。

这样的场面让我想到了荆轲刺秦王里面的秦舞阳，这位12岁就杀恶人的少年在进了秦宫后突然脸色大变，几乎瘫倒在地，反而是有些书生气的荆轲谈笑自若，毫无惧色。可见，书生并不是百无一用的，怀揣着修齐治平理想的他们一旦坚守了自己的信仰，就会做出令世人仰视的事情来。

试想一下，若果蔺相如把这样一股劲头换成了一副哭哭啼啼的软相，结局会是什么？在对手面前露怯是交际中的大忌，一旦露怯就会让人低看一眼，纵有三寸不烂之舌，恐怕也难挽败局了。至于荆轲，他虽然失败了，但这个过程还是令人敬佩的。最终的失败也只能说明他的剑术还不到家，或是秦王命不该绝。但这些都已经不重要了，他们历经了几千年历史的漂洗，传承下来的是他们的风骨和从容。也正因为此，现代人记住了他们。

年轻人也应当注重这种素质的培养，这种好的心态不是与生俱来的，而是在后天千磨万击的挫折中磨砺出来的。每当大事临头，首先要做的就是静下心来，思考对策，切勿惊慌失措，那样无异于自乱阵脚，最终的结果一定是不想看到的；其次就是身处困难之中时，也要不断地鼓励自己，给自己希望，一个看不到任何希望的人是痛苦的，假如连期盼希望的想法都失去了，那这个人就彻底颓废了；最后，是要积蓄力量，争取给困难致命一击，令它溃不成军，这时候才能显出自己的英雄本色来。与此同时，人的心胸和气度都会在不知不觉中升华，逐渐养成一种王者之风。

第6章

沉住气，别计较，少讲多做用成绩说话

人是群居动物，人与人之间有着千丝万缕的联系，谁都不可能孤立的生活。面对他人的嘲笑、贬低和不理解，年轻人要学着宽容大度，别为小事烦恼计较，对待一些委屈和难堪的遭遇，以健康积极的态度去面对，秉承“少说话、多做事”的工作理念和做人哲学，把超越自己作为目标，用成绩来证明自己。

大事不糊涂，小事不计较

年轻人初入社会，总会遇到这样那样的问题，面对形形色色、性格各异的人，怎样与之相处，怎样才能够更高效更完美地做好本职工作，这都需要年轻人动一些头脑，运用一点小智慧。

社会是公平的也是不公平的，说它公平是因为你付出的越多最后回报也会越丰厚，说它不公平，因为对于年轻人来说，工作强度和工资未必能够成正比，同样的工作未必能够得到同样的待遇，这里面涉及的问题很多，恐怕任何年轻人在自己的职业生涯中都难免会碰到这样的情况，如果你过于计较这些，过于看重这些，那么结果很可能是自己把自己未来的道路堵死了。

张青青大学毕业后初入社会，找到一个不错的工作，这份工作她很喜欢，兼具挑战性和稳定性，长远看来也挺有发展的潜力。她十分庆幸自己的好运，和同事混熟后，更觉得工作环境和人际关系都很不错。

一天，她和同事在聊天时，一位比她晚进公司的同事问她月薪多少，两人相比较之下，她发现自己比同事的月薪少了几十元。“那个同事比我晚进公司，工作能力又没我强，月薪竟然比我高！真是太过分了！”她生气地说，工资的事她耿耿于怀，上班也失去了原有的快乐心情。她有种被打败的感觉，就连原来因为尽全力达成目标时所带来的成就感和踏实感也弃之不顾。那几十元夺走了她的自尊、内心的平静和自给自足的快乐。所有的事都没有改变，只因为她觉得自己比别人“少了一些”。

在社会上打拼，竞争是难免的，也正因为工作有好有坏，职位有高有低，工资有不同的档次，职场人才有动力去迎接一个个挑战。比较能够让人反思自己和别人的差距，从而更好地提高自己；然而过多地计较却会让人迷失，刚刚参加工作的年轻人，若是在工资和工作分工这种小事上斤斤计较，甚至产生嫉妒心理，必然会造成对工作的反感和懈怠，最后的结果很可能是因为耽误工作而别辞退。

俗话说“大事不糊涂，小事不计较”，可见做事的智慧并不是那么难懂，只要你能够以此为标准，时刻提醒自己，宽容待人，用成绩做自己最好的证明，用实力告诉每一个人：我年轻但是我稳重；我年轻但是我宽容；我年轻但是我有能力。

从前有一只灰毛毛虫，这只灰毛虫长大后巧遇一只漂亮的黄毛虫，他们在一起过了一段很幸福的日子。直到有一天，灰毛虫看到一大群毛毛虫在排着向一个柱子的顶端爬。他对现状开始产生不满，觉得日子过得乏味无聊，于是执意要加入毛毛虫的行列，在好奇心与好胜心的驱使下，它不惜一切随着大家往柱子上爬，甚至踩着它最好的朋友黄毛虫的头而爬过。毛毛虫们都不知道最顶端是什么，只是一味推挤，排除眼前的阻碍自己往上爬。最后，灰毛虫历尽千辛万苦总算到达了顶端，放眼望去，才发现原来周围就是一根根树的躯干。它终于明白自己什么也没得到，还平白无故失去了最心爱的朋友。当它回头寻找黄毛虫时，更惊讶的是黄毛虫早就变成了一只美丽的蝴蝶。于是它明白了，原来它不需要去追求什么，所有最美好的特质就在它体内，它的潜力，是成为一只美丽的蝴蝶！

灰毛虫挤破头和其他毛毛虫争相向上爬，最后却发现没有得到期望中的好东西，却失去了昔日的好友。而最终它也明白，毛毛虫应该为幻化成为蝴蝶而努力，而不是去和同伴计较、攀比。

俗话说：人的欲望是无限的。不断与人比较就永远不会有满足的一天，不断地去攀登，锲而不舍地追求，到头来，未必是真正的幸福。很多人看到别人忙忙碌碌向前赶，他也跟着向前赶，也不知道前方究竟是什么，总以为大家都在追求的就是好的；还有些人，原本自己已经拥有了快乐的日子，却总是不知足、不满足，不断和别人比较，去竞争去拼搏，生怕自己一不留神就被别人超过。年轻人的确需要拼搏，但是拼搏不等于攀比、不等于盲目比较，更不是斤斤计较，拼搏是以自己为基点，始终看着自己的缺点和优点，为着超越自己，证明自己而发挥全身心的力量。

年轻人做事不要斤斤计较，要把心放宽，容忍差别的存在。人无完人，每个人或多或少都会存在一些缺点和不足，你要做的不是拿自己的劣处去和别人的长处比较，而是取人之长，补己之短，计较会蒙蔽人的双眼，污染人的心灵，那么为什么不大度一点呢？遇事要先反思自己，别人这样做、那样做必然有他的道理，心里不平衡可以理解，但却要适可而止，把大多的心思放到工作上，用成绩和能力来证明自己的价值。俗话说"群众的眼睛是雪亮的"，相信周围的同事和领导都能够看到你的成绩，也会在适当的时机给你一个满意的结果。

为他人着想，自己也受益

不知道你有没有过这样的体验，在求学时，当别人问你一道数学题的时候，你在懵懵懂懂的情况下给他讲明白了，同时自己也真正明白了，并且对此类题型印象深刻，以后便成为自己拿手的题目。我们在帮助别人时，也帮助了自己。做人要有开阔的心胸，不要太过计较。

然而，生活中不乏狭隘、自私的人，他们只扫自己门前雪，不管别人瓦上霜。甚至潜意识里不希望别人的处境比自己好,仿佛别人的幸福会抵消自己的快乐。总希望自己时时处处都比别人强,都比别人更富有、更幸福、更快乐。有时还会干出一些损人利己的事,愚蠢地以为只有压制别人,才能抬高自己。

但是他们忽略了一个基本事实,那就是:生活在同一个圈子里,别人的好坏与自己休戚相关。别人的不幸不能给他们带来快乐,相反,在帮助别人的时候,自己往往也会受益。

一个人到天堂和地狱参观,他发现一个奇怪的现象:天堂和地狱里的人都坐在同样的桌上,用着同样的餐具,吃着相同的饭菜,但是,天堂里的人满面红光,精神愉快;而地狱里的人却面容憔悴,精神萎靡。

这是什么原因呢?后来,这个人无意中发现,天堂和地狱里的人用来吃饭的餐具都是二米长的勺子:地狱里的人用勺子盛了丰盛的饭菜给自己吃,但是,由于勺子柄太长,怎么也吃不到勺子里的饭菜;而天堂里的人呢?他们舀起饭菜不是给自己吃,而是给别人吃,这样,每个人都乐于把自己勺子里的饭菜给别人吃,每个人都吃得红光满面。

原来,天堂和地狱的区别就在于人与人之间是不是合作。天堂里的人个个懂得为他人着想,生活过得非常美好;而地狱里的人,个个非常自私,只想到自己,结果过得非常凄惨。

只是喂自己和喂别人的差别,就导致两种大相径庭的结果,生活中没有人可以不依靠别人而独立生活,这本是一个需要互相扶持的社会,先主动伸出友谊之手,你会发现原来四周有这么多的朋友,你并不孤单。因此,当别人需要帮助时,我们不妨伸出援手,微笑着对他说:“请让我来帮你!”

在我们方便的时候,做一些力所能及的小事,不会妨碍到我们什么,却可以帮助他人找到通往目的地的路。这条路,说不定哪天,我们自己也要走过。

在茫茫沙漠的两边，有两个村庄。从一个村庄到达另一个村庄，如果绕过沙漠得走上20多天；如果横穿沙漠，只需3天便能抵达。但横穿沙漠是非常危险的。

后来，一位智者让村里人买来几万棵胡杨树苗，每300米栽一棵，一直栽到了沙漠对面的那个村庄。智者告诉大家，如果胡杨树有幸成活了，大家就可以以树为路标；如果胡杨树不能成活，那么每一个行者经过时，都将枯树拔一拔，插一插，以免被流沙淹没。

然而，胡杨树栽上不久全都被烈日烤枯了，枯树成了路标。大家按照智者的话去做，沿着路标走了很多年。

一天，村里来了一个僧人，他要去对面的村庄化缘。村民告诉他，路上遇到要倒的路标，一定要向下插好，遇到快要淹没的路标一定要拔起插好。

僧人走了一天一夜，走得两腿发软，浑身乏力，遇到一些快要埋没的路标，他也懒得动手去拔一拔。他想，反正自己就走这一次，管它那么多呢。

僧人走到沙漠深处的时候，静谧的沙漠突然狂风大作，飞沙漫天，许多路标都被淹没了、被卷走了。风沙过后，他再也走不出沙漠了。在气息奄奄的那一刻，僧人十分懊悔，如果当初按村民的吩咐做，即使没有了进路，却也还有一条退路啊。

俗话说：“帮助别人往上爬的人，自己会爬得最高。”为他人着想，自己也会从中受益。当我们把别人脚下的绊脚石搬开时，或许正好给自己铺平了道路。故事中的僧人为了省点力气，不听村民的劝告，最终害死了自己。事情虽小，教训却大。

帮助别人就是帮助我们自己，人是群居动物，人与人之间有着千丝万缕的联系，谁都不可能孤立地生活。爱出者爱返，福往者福来。帮助他人，人的内心才会有满足感。一个自私的人，往往没有真诚的朋友。友好地对待周围的人和事，即使是很小的一件事，我们也要做好、做到位，如果在做事的同时顺便帮助了别人，那更是一件值得高兴的事！

不计较辛苦，用成绩强壮人生

很多年轻人初入社会，对社会认识尚浅，凭着自己本科或者硕士、博士学历就认为自己可以无往而不利，在刚刚参加工作时就为自己编织了美好的未来。不少心高气盛的年轻人，希冀自己在短时间内小有所成，或者在未来的某个机遇的承载下，拥有自己的事业，创立自己的企业。

然而梦想是美好的，事实是残酷的，现实中低微的薪金和工作中遇到的诸多困难很快会把一些心理承受能力弱的年轻人击倒，而在同等的境遇下，只有那些能够不计较辛苦，不计较失败，不计较不公平的年轻人，才能够在不断地努力和坚持下更早地摆脱平凡和贫穷的困境。

很久以前，在一个偏僻的小山村里，有一对表兄弟，他们年轻力壮，都雄心勃勃。他们渴望成功，希望有一天能够成为村里最富有的人。

一天，村里决定雇佣他们为全村的人提水，每提一桶水他们就能赚取一分钱，这对他们来说真是一份美差，两个人都抓起两只水桶奔向山后的河边。

"我们的梦想实现了！"表哥布鲁诺大声地叫着，"我们简直无法相信我们的好福气。"

但是表弟柏波罗不是非常确信。他的背又酸又痛，提那重重的大桶的手也起了泡。他害怕明天早上起来又要去工作。他发誓要想出更好的办法。

几经琢磨之后，表弟决定修一条管道将水从河里引到村里去。他把这个主意告诉了表哥，但是表哥觉得他们现在做着全镇最好的工作，不愿意花那么长的时间去修一条管道。

柏波罗并没有气馁，他每天用半天时间来提水，半天时间修管道，并且始终耐心地坚持着。

布鲁诺和其他村民开始嘲笑柏波罗。布鲁诺赚到比柏波罗多一倍的钱，炫耀他新买的东西。他买了一头驴，配上全新的皮鞍，拴在他新盖的二层楼旁。

他买了亮闪闪的新衣服，在乡村饭店里吃可口的食物。村民们称他为布鲁诺先生。当他坐在酒吧里，为人们买上几杯，而人们为他所讲的笑话开怀大笑。

当布鲁诺晚间和周末睡在吊床上悠然自得时，柏波罗还在继续挖他的管道。头几个月，柏波罗的努力并没有多大进展。布鲁诺的工作很辛苦，柏波罗的工作更辛苦，因为他晚上和周末都在工作。

一天天、一月月过去了。表弟柏波罗仍然没有放弃，完工的日期越来越近了。

在柏波罗休息的时候，看到他的表哥布鲁诺在费力地运水。布鲁诺比以前更加的驼背。由于长期劳累，步伐也变慢了。布鲁诺很生气，闷闷不乐，为他自己一辈子运水而愤恨。他花很多的时间在酒吧里，当布鲁诺进来时，酒吧的顾客都窃窃私语："提桶人布鲁诺来了。"当镇上的醉汉模仿布鲁诺驼背的姿势和拖着脚走路的样子时，他们咯咯大笑。布鲁诺不再买酒给别人喝了，也不再讲笑话了。他宁愿独自坐在漆黑的角落里，被一大堆空瓶所包围。

最后,柏波罗的好日子终于来到了——管道完工了!村民们簇拥着来看水从管道中流入水槽里!现在村子源源不断地有新鲜水供应了。附近其他村子的人都搬到这个村来,村子顿时繁荣起来。

管道一完工,柏波罗不用再提水桶了。无论他是否工作,水源源不断地流入。他吃饭时,水在流入。他睡觉时,水在流入。当他周末去玩时,水在流入。流入村子的水越多,流入柏波罗口袋里的钱也越多,他成了一个富翁。

柏波罗用自己的坚持和不计较赢得了一生享用不尽的财富。因为不计较辛苦,在表哥布鲁诺睡觉、喝酒、聊天、大笑的时候,柏波罗却在独自挖着管道;因为不计较被嘲笑,当表哥受到村民的崇拜而炫耀时,柏波罗仍然坚持挖管道;因为不计较一时的贫穷,当表哥布鲁诺买来全新的皮鞍和亮闪闪的新衣服时,柏波罗依然坚持着自己的梦想……

这对表兄弟的故事给现今许多想要成就事业的年轻人以深刻的启迪:梦想是美好的,而实现梦想的过程是痛苦的,想要品尝甘甜而柔软的果实,必须像柏波罗那样,不计较一时的辛苦,不计较一时的贫困,不计较一时的被嘲笑,始终坚持自己的梦想,直达目标达成的那一天。

哲人说,即使每个年轻人都是块好铁,总得经过锻造才能成钢。人这一辈子要追求很多的东西,如财富、名誉,也总遇到诸多的困难和挫折,对于年轻人来说,可以追求的东西是无尽的,愿望是可以随时许下的,而想要真正的成功,想要愿望实现,那么只有一条路可走,那就是:不计较辛苦,不计较不公,不计较嘲讽和贫穷,用实力来铸就梦想,用成绩来强壮人生!

“肯吃亏”反而不会“真吃亏”

有些人经常喜欢说这样的话：“做人要活得明明白白，不能老犯糊涂，回头人家把你卖了你还给人家数钱呢？自己吃了多大亏都弄不清楚！”是啊，生活中没有人愿意吃亏，即使深知“吃亏是福”的道理，也没有人喜欢眼睁睁看着自己吃亏。真要遇到一些吃亏的事，大家都唯恐避之不及，以至于有些人在看似不利的事情出现时，也没有考虑一下它是不是真的会伤害自己，使自己吃亏，就迫不及待地逃开了。

古人云：能受苦方为志士，肯吃亏不是痴人。聪明人都深谙吃亏是福的道理，在吃亏中忍耐，在忍耐中积福。但吃亏并不是无所作为，也不是无休止忍让，而是一种宽厚的胸襟，一种修养，一种品格的升华。不计较吃亏的人，才是真正有福气的人，学会吃亏，我们才能够在人生的道路上走得更安稳、更踏实。

据说，郑氏先祖早年来到洪江经商。一次，他用船运木材到江浙一带销售，不巧中途河道搁浅，只好等到汛期来临才把货物送到。郑氏先祖心想，这趟生意肯定亏本了。然而想不到的是，江浙一带由于上游河道搁浅，市场木材奇缺，价格暴涨，郑氏先祖不但没亏本，反而狠赚了一笔。郑氏先祖把这件事告诉了郑板桥，郑板桥听了很受启发，欣然写下了“吃亏是福”的勉词，并留下题记。这幅字后来被郑氏后人连同题记一起刻在了院子的墙上，以警醒后人。

生活中，越是不肯吃亏的人，越是容易吃亏，而且往往会多吃亏、吃大亏。忍受不了自己吃亏的人，往往喜欢占一些小便宜，贪小便宜多了，就会变成贪婪。在人际交往过程中，谁也不可能做到完全不吃亏，当然也不可能每次都吃亏。我们应该做的是从心里去关心别人，学会礼让，用一种帮助他人的心态处事，便不会产生吃亏的心理。没有谁喜欢爱占便宜、斤斤计较的人；相反，如果你愿意多付出一些，你也能多赢得一些别人的尊重和回报。

现代社会很多年轻人都标榜个性，做任何事都追求张扬，甚至在工作中也把这种风格发挥得淋漓尽致，可是现实生活中，处处计较，事事不愿吃亏，些许事情就闹得沸沸扬扬，对自己的职业生涯真的有好处吗？答案显然是否定的。

前辈总是告诫我们：吃亏是福。可是现实生活中却没有几个年轻人愿意吃亏，有一点点损害自己利益的事情发生就大呼小叫，愤愤不平。试想，这样斤斤计较的人怎么能得到上司的赏识呢？怎能和同事、朋友相处愉快呢？

刘新刚进公司的时候，认为自己是大学毕业生，身份自然不同，所以在报到的那天没有和前台接待小姐打招呼。在以后的工作过程中，他很少用到“谢谢”等礼貌用语。渐渐地他发现在工作中，同事们并不怎么认可他的能力，关系也很冷淡。

后来他开始试着改善自己的言行，在工作过程中多用些对别人表示敬意的言语，而且常常主动帮人干事，多做事，这帮助他走出了人际关系困境。他深有体会地说：“多用些礼貌用语，平时多付出些，看似吃亏了，但相比下来，却是因祸得‘福’啊。”

作为一个年轻人，即使你有再高的学历，对于当下的工作来说，也是个新手，任何一个学历比你低的人都比你的经验丰富，因此也都可以成为你工作上的老师。年轻人没必要自视太高，职场上横冲直闯，吃不得一点亏，这样势必会得罪不少人。人际关系搞不好，自己会很苦恼，得不到别人的认同，更不会被人喜欢，对自己的工作而言，也失去了最基本的乐趣。

社会是一个大熔炉，只有能够适应形势变化的年轻人，才能在其中生存，这其中的适应，不仅包括尽快地掌握工作技术和工作要领，还要学会不计较吃小亏，不计较多干活，秉承“少说话、多做事，用成绩证明自己”的工作理念和做人哲学。

舍得付出，才有好的结果

古人总是说：多劳多得，付出才会有收获。然而在现代社会，很多年轻人看到别人不用费很多力气便可以赚到大把的金钱，不用付出辛苦，就可以掌控一切，而自己，做着和别人相同的工作，却只拿人家一个零头的工资，心中不免愤愤不平起来。

有人说机会对于每个人来说都是均等的，老天爷也是公平的，可是或许你会说，我们的付出常常与收获不相称。但是，倘若你害怕吃亏，不去付出，那么，就连得到收获的机会都没有，更谈不上赢利了。就是因为这一份难能可贵的收获，即使明知付出也不一定能换取，但哪怕只有一个机会，我们也要用不怕吃亏，舍得付出的心态去拼搏、去争取、去实现。

年轻人要懂得成功之路，注定痛苦与欢笑同在，付出与收获并存，吃亏与赢利共生，只有舍得付出，才会品尝到甜美的果实。当你付出努力，不怕吃亏，忍住被荆棘划过的剧痛艰难前行时，胜利女神就已经向你露出灿烂的微笑了，成功就在不远处等着你，而难以想象的收获也就在眼前。

刚开始为杜兰特工作时，卡洛·道尼斯的职务很低，但现在他却已成为杜兰特先生的左膀右臂，担任其下属一家公司的总裁。

谈及自己的职场成功之道时，卡洛·道尼斯平静地说："在为杜兰特先生工作之初，我就注意到，每天下班后，所有的人都回家了，杜兰特先生仍然会留在办公室里继续工作到很晚。因此，我决定下班后也留在办公室里。是的，的确没有人要求我这样做，但我认为自己应该留下来，在需要时为杜兰特先生提供一些帮助，多做一些事情。工作时杜兰特先生经常找文件、打印材料，最初这些工作都是他自己亲自来做。很快，他就发现我随时在等待他的召唤，并且逐渐养成招呼我的习惯……"

每个年轻人都懂得"一分耕耘一分收获"的道理，然而却没有几个年轻人能够真正领悟这句话的精髓，并把它作为自己的做事准则。要知道，付出多少，得到多少，付出得多，得到的必然比别人多。卡洛·道尼斯就是把这一点作为自己的升迁秘诀，即使每天只是多做了一点点小事，也足以让自己在老板的心目中分量大增。年轻人如果能够像卡洛·道尼斯一样，每天多做一些，多付出一点，一定也可以像他一样，完成人生的三级跳，最终走向成功。

每个人都希望老天是公平的，老天爷也的确是公平的，当你看到别人轻松地享受优越的生活时，可曾想过他当初付出过多少？初涉职场的年轻人，不要觉得自己学历高，是人才，便在职场上横冲直撞，吃不得一点亏，却凡事都要占尽优势，这样做势必会得罪不少人。

年轻人要记住，在拼搏之路上，勇于付出，不怕吃苦，才能有所收获，哪怕收获的不是金钱，仅仅是种幸福的感觉，也是弥足珍贵，令人难以忘怀。焦惠敏曾经是一名下岗女工，如今却在石家庄长安装饰材料市场内经营着两家颇具规模的门面，而她的兴家之道就归于舍得付出、不怕吃苦。

1998 年焦惠敏从石家庄市照明电器厂下岗了，在困惑和迷茫中，她经历了几次创业，但都失败了，甚至连家底都没有了。2004 年，焦惠敏来到长安区就业局参加了创业培训。在那里她开始懂得了什么是创业，怎样才能科学创业，这给了她强烈的信心，焦惠敏开始琢磨新的创业计划。

接着，焦惠敏在长安装饰材料市场租了摊位，经营卫生洁具和灯饰用品。由于资金不足，她只能坚持开小店赚小钱的思路，货是进一个卖一个。刚开始没人手，焦惠敏便自己骑着自行车去批发市场进货。随后，她申请了小额贷款，虽然只有2万元，却帮了她大忙。2万元贷款到位后，进货就可以成批地进，进货多，销售量也增加，小店生意也开始见起色。

由于焦惠敏只是个下岗女工，知识面、创业经验都很缺乏，刚开始创业时，她吃了不少亏，但她不怕吃亏，她舍得付出比他人更多的时间来学习各种知识，而她的店面也随着她知识的积累越做越大了。他们夫妇为了节省开支，只聘请了一个售货员，焦惠敏也不怕吃苦，每天在店里从早上一直站到晚上，为顾客亲自介绍产品。能有如今的成绩，焦惠敏已经很满足了，毕竟从当初下岗到现在生意有点起色以来，只有她自己知道这其间吃了多少苦，付出了多少。

焦惠敏能有如今的生活，靠的就是她肯付出，不怕吃亏，用自己的智慧和勤劳的汗水换来现在的美好生活。所以年轻人不要总是抱怨现在的生活，抱怨工作辛苦，每个人在他自己的位置上都是有一定道理的，付出得多，不怕吃亏，自然会有回报。

鲜花是美丽的，然而她要为了几天的盛开付出四季的等待；大海是美丽的，然而只有水滴知道它们从冰川之上顺流而下付出了多少艰辛才汇聚成海；生活也是美好的，然而年轻人必须懂得，任何美好的东西都需要几倍的付出才能获得，付出越多，美好越多，你的人生也就越灿烂。

最终抵达成功彼岸的每个年轻人，都要吃无数亏、付出难以想象的艰辛。只有用毅力、用汗水、用坚持、用无私全心全意地为自己的未来付出，才能得到只属于你的收获和辉煌。年轻人要相信，不怕吃亏、舍得付出才能够看到花团锦簇的明天、辉煌灿烂的未来！

年轻人要会装"糊涂"

都说"难得糊涂"，也确实如此，人生在世，没必要凡事都弄得清楚明白，糊涂一些未必是坏事。对于初入社会的年轻人来说，应该心中存大志，把有限的精力投入到自己的事业和工作中去，而不是把时间浪费在斤斤计较一些似是而非的小事上面，若是我们遇事总是过分计较，一味地追究到底，硬要分清胜负，生怕吃一点亏。烦恼和忧愁便会随之而来。如果我们经常处于烦恼和忧愁的漩涡之中，频频激发人体的"应激反应"，这不仅会加速人的衰老，而且会引起身体的各种疾病。

美国心理专家威廉，曾经是一个极能算计的人，也生怕自己会吃一点亏。他知道华盛顿哪家袜子店的袜子最便宜；哪家快餐店比其他店多给顾客一张餐巾纸；哪辆公共汽车车票最便宜；哪个时候去看电影票价最低。

殊不知，因为太会算计，威廉不但没有得到什么好处，反而落得一身疾病。30 岁之前，威廉经常得跑医院，尽管他知道哪家医院的医生医术最高及哪家医院的药费最便宜，但仍然病魔缠身，更谈不到健康和幸福了，口袋也没存到什么钱。

到 32 岁那年，威廉终于醒悟，并开始了关于"能算计者"的研究。他跟踪调查了数百人，以无可辩驳的事实得出惊人的结果：凡是太能算计的人，实际上都很不幸，甚至是多病和短命的；太能算计的人 90% 以上都患有心理疾病，这些人感到痛苦的时间和深度比不善于算计的人多许多倍；太能算计的人，心率都较快，睡眠不好，常有失眠，消化功能不良，免疫力下降，容易患病；太会算计的人常常把自己摆在世界的对立面，树敌过多，他们非常贪婪，过高过多的欲望沉重地压在心头，因而没有一点快乐。

威廉的这一研究成果，得到了全世界同仁的一致赞同和肯定。威廉自己也是自己研究成果的实践者和见证者，如今他的病全好了，生活充满幸福和快乐。他自己都经常感叹，还是小事糊涂点好、吃点亏好，这样生活就不用这么操心了，心态和健康都也改善了很多。

日常工作和生活中，我们亦如是每天都要应对或大或小的事情、或多或少的人际关系，所以矛盾无处不在，无法避免。面对生活中琐碎的小事时，年轻人不妨放开胸怀，装装糊涂，乐得清闲自在。抱怨、生气并不能解决问题，有句熟语说得好，人生就像一场戏，相知相遇不容易；为了小事发脾气，仔细想想又何必。对于小事、琐事年轻人没必要认真计较，吃点亏亦无妨。

一个星期五，琳琳去买东西。她是去买圣诞礼物的，也想为大学的专业课找几本书。那天她是乘早班车去的解放路，中午刚过不久，要买的东西都买好了。琳琳不怎么喜欢呆在那里，太嘈杂，交通也太挤；此外，晚上她还有个约会，于是便搭乘出租汽车去火车站。她本来舍不得坐出租车，只是那天想赶那趟火车。不巧碰上交通堵塞，等她到火车站时，那趟车刚开走了。

琳琳只好呆了一个小时等下趟车。她买了一份报纸，漫步走进车站的候车室。候车室里几乎空无一人，琳琳到小卖部要了一杯咖啡和一包饼干——巧克力饼干，她很喜欢这种饼干。

琳琳找了一个靠窗的位置安然坐下，就开始做报上登载的纵横填字游戏，她觉得做这种游戏很有趣。

过了几分钟，一个女人走过来坐到琳琳的旁边，这个女人除了个子很高之外，没有什么特别的地方。她穿一身暗色衣服，挎一个小皮包。

琳琳没说话，继续边喝咖啡边做填字游戏。忽然，琳琳发现刚进来的那个人把手伸过来，打开她那包饼干，拿了一块在咖啡里蘸了一下就送进嘴里。琳琳简直难以相信自己的眼睛，她吃惊得说不出话来。

不过琳琳不想大惊小怪，于是决定不予理会，不就是几块饼干吗？让她吃吧，琳琳总是避免惹麻烦，自己也开始吃起饼干，吃一块，喝了一口咖啡，然后继续做填字游戏。

这个女人再去拿饼干时，琳琳既不抬头也没吱声，她假装对游戏特别感兴趣。过了几分钟琳琳不在意地伸出手去，拿起最后一块饼干，忍不住瞥了这人一眼。没想到，那个人也正奇怪地看着琳琳。

琳琳有点紧张地把饼干放进嘴里，决定离开。正当她准备站起身走开的时候，那个女人突然把椅子往后一推，站起来匆匆走了。琳琳顿时感到如释重负，准备坐几分钟再走。她从容地喝完咖啡，然后折好报纸站起身来。这时，琳琳突然发现，就在桌上原来放报纸的地方，原封不动地摆着她自己的那包饼干。原来琳琳吃的是那个女人的饼干！刚才喝的咖啡马上都变成淋漓大汗从她后背流了出来。

想必任何人碰到琳琳这种情况都会感到很羞愧，而因为对方的不计较、装糊涂使得琳琳没有在公众场合失掉脸面，而当琳琳回忆起这件事时，心中也不免多了一份感慨和敬意，这也是一种特殊的人生体验。

不斤斤计较、乐于糊涂的人一般都平安无事，而且终究不会吃大亏。反之，总爱贪便宜、处处精明的人得不到真正的便宜，还有可能留下骂名，甚至破坏自己的好心情，最终得不偿失。年轻人别太为小事烦恼计较，对待一些委屈和难堪的遭遇，让其在内心转变成另外一种心情，以健康积极的态度去面对这一切，抛开一切琐事，忘掉一切烦恼，给自己的天空点缀绚丽的色彩，让自己的人生更精彩。

立大志更要有大器量

俗语有云：有容乃大，无欲则刚，器量大者赢天下。生活中人与人相处，发生争执在所难免，若是我们事事都要斤斤计较，那么器量势必会越来越小，甚至会演变成目光短浅、思想狭隘、生怕吃亏、处处提防之人。哪里还会有精力去赢天下呢？

所谓立大志，才能远小争。从古至今凡事能够成大事的人，都会有意识地远离小纷争，从大处着眼，顾全大局。所以人只有不怕吃亏，器量大，才能容人、用人、处人、服人，才能有所成就、赢得万人赞叹。

年轻时的吴佩孚，染上了抽鸦片的恶习。一次吴佩孚烟瘾发作了，身上又没有钱，便低声下气地对烟馆老板翁钦生说："翁爷，能不能赊几筒香香？"翁爷见他那副猥琐鬼祟的模样，气往上冲，喝道："你这猪头，也不看看自己是副什么嘴脸，滚出去。"

不仅没实现初衷，反遭一顿凌辱的吴佩孚觉得"此仇不报，非大丈夫所为也！"就和一帮无赖商量了一个计策——用钱买通一个乞丐，用纸包着粪汁，乘翁钦生夜间从大烟馆出来时，劈头劈脑扔上去，弄得翁钦生满面粪汁。

经过多方打听，翁钦生得知扔粪汁的指使者就是吴佩孚，于是他通过县令，派衙役拘捕吴佩孚到案，幸亏吴佩孚在衙门里也有朋友，提前知道了消息，于是他就乘夜出逃了。在逃亡途中，吴佩孚得到一算命先生的指点，于是走上了从军的道路，开始了自己的戎马人生。

数年后，吴佩孚带兵在火车站巡视，蓦然看见翁钦生，翁钦生同时也看见了他。翁钦生眼见自己这位生死冤家身着戎装、手握重兵，吓得浑身战栗，暗叹真是冤家路窄，于是脚底抹油，挤入人群想蒙混过关。吴佩孚是何等人物，马上高声大呼："钦生，往哪里去?"让士兵不由分说地把翁钦生拉到军营里去。

翁钦生以为自己这一次要去见阎王爷了，准备听凭吴佩孚处置。到了军营，吴佩孚却命令伙房安排酒宴，好酒好肉地招待翁钦生，并和他嘘寒问暖地讲起往事来。非但不把他看做仇人，还亲热得很。一连留他住了好几天，最后还替翁买了车票，备了厚礼，亲自执手将他送上了火车。

后来，下属曾问吴佩孚为何不怕吃亏，仇将恩报，他笑着说："如果翁钦生在家乡时没有对我迫害，我就不会逃亡出来当兵，这一辈子也只能在老家落魄一生，更不会有今天出头的日子。所以，他是我的恩人啊，我报答他是应该的。"

吴佩孚正是因为有着宽广的胸襟才取得了最后的成功。仔细想一想，包容别人会让我们失去什么呢？没有，我们只能从中获取感激、信任、友谊和快乐，使自己的人生之路越走越宽，越走越顺畅。

作为新时代的年轻人，想要成就自己的事业，就要学会包容别人，不去计较一时的得失，要有全局意识，把目光放远，这样才能最终达到自己的目的，活得坦然，活得幸福。

1898 年冬天，幽默大师威尔·罗吉士继承了一个牧场。有一天，他养的一头牛，为了偷吃玉米而冲破附近一户农家的篱笆，最后被农夫杀死。依当地牧场的共同约定，农夫应该通知罗吉士并说明原因，但是农夫没这样做。罗吉士知道这件事后，非常生气，于是带着佣人一起去找农夫论理。此时，正值寒流来袭，他们走到一半，人与马车全都挂满了冰霜，两人也几乎要冻僵了。好不容易抵达木屋，农夫却不在家，农夫的妻子热情地邀请他们进屋等待。不久，农夫回来了，妻子告诉他："他们可是顶着狂风严寒而来的。"罗吉士本想开口与农夫论理，忽然打住了，只是伸出了手。农夫完全不知道罗吉士的来意，便开心地与他握手、拥抱，并热情邀请他们共进晚餐。这时，农夫满脸歉意地说："不好意思，委屈你们吃这些豆子，原本有牛肉可以吃的，但是忽然刮起了风，还没准备好。"孩子们听见有牛肉可吃，高兴得眼睛都发亮了。吃饭时，佣人一直等着罗吉士开口谈正事，以便处理杀牛的事，但是，罗吉士看起来似乎忘记了，只见他与这家人开心地有说有笑。饭后，天气仍然相当差，农夫一定要两个人住下，等转天再回去，于是罗吉士与佣人在那里过了一晚。

第二天早上，他们吃了一顿丰富的早餐后，就告辞回去了。在寒流中走了这么一趟，罗吉士对此行的目的却闭口不提，在回家的路上，佣人忍不住问他："我以为，你准备去为那头牛讨个公道呢!"罗吉士微笑着说："是啊，我本来是抱着这个念头的，但是，后来我又盘算了一下，决定不再追究了。你知道吗？我并没有白白失去一头牛啊！因为，我得到了一点人情味。毕竟，牛在任何时候都可以获得，然而人情味，却并不是很容易得到。"

故事中的罗吉士，尽管失去了一头牛，却换得农夫一家人的笑容和幸福以及难得遇见的人情味，这段经历，更让他懂得生命中哪些才是无价的。懂得了做人不斤斤计较可以赢得快乐和真情。

现实生活中，人与人之间的良好关系是建立在包容的基础之上的。宽以待人，人们彼此之间才能感情融洽、和睦相处。俗话说："尺有所短，寸有所长"。每个人都有缺点与不足之处，倘若不能宽容他人的过错和缺点，人与人之间就无法正常交往。"水至清则无鱼，人至察则无徒"。宽容不会失去什么，却会以此得到人心。

年轻人若想成就一番大事，在人际交往中，就不要太计较个人的得与失，将心比心，宽容对待他人过失。你的宽容给了他人一次机会，其实也是为自己的未来多创设了一个可能。因为大多数的人还是懂得感恩,大多数的人会记得别人给过他的宽容。

简单工作也用心,你也能创造奇迹

现今社会的年轻人,大多都读过一些书,高校毕业之后怀揣着美好的愿望走向自己的工作岗位,然后现实和梦想毕竟还是有一段距离的,曾经想象中的工作是忙碌而又愉快的,然而事实上你面临的却可能是一份极其枯燥乏味的工作;你对目前的工作感到厌倦、不满,你认为自己有着更大的价值,而不是每天重复相同的动作,这样的工作随便一个人都可以做,但这个人不应该是你。

年轻人你可曾想过,世界上哪里有那么多创造性的工作,正是因为有了一次次的重复,我们才有了这样繁华的都市和生活。俗话说得好“熟能生巧”,任何出神入化的手艺都是靠无数次的重复之后得来的。太过于计较工作的性质,太过于在意工作的乏味,很快就会失去工作的乐趣,你在这份工作上除了烦恼再也得不到其他的东西。

而有的人,他们用不同的眼光看待这份工作,他们从这份工作中看到的不是枯燥和无聊,而是一个伟大的发现。

有一位青年在美国某石油公司工作,他所从事的工作非常简单,就是每天检查石油罐盖是否自动焊接完全,以确保石油被安全的储存。这是一个非常简单而又枯燥的工作。公司经理认为这个工作最适合一个学历不高,也不会什么技术的青年。

每天,青年都会看到机器上百次的同一个动作。首先是石油罐在输送带上移动至旋转台上，然后焊接剂便自动滴下，沿着盖子回转一周，最后工作完成，油罐下线入库。他的任务就是注视这道工序，从清晨到黄昏，检查几百罐石油，每天如此。

前几个在此工作的人对这种枯燥无味的工作厌烦极了，最后都主动地放弃了。但这个青年人在经历了开始的那段烦躁后，选择了留下。

工作了一段时间后，青年人在机器上百次重复的动作中，注意到了一个非常有意思的细节。他发现罐子旋转一次，焊接剂一定会滴落39滴，但总会有那么一两滴没有起到作用。他突然想到：如果能将焊接剂减少一两滴，这将会节省多少焊接剂？

于是，他经过一番研究，研制出“37滴型”焊接机。但是用这种机器焊接的石油罐存在漏油的问题。但他不灰心，很快又研制出“38滴型”焊接机。这次的发明解决了上一机型漏油的问题，同时每焊接一罐石油都会为公司节省一滴焊接剂。虽然节省的只是一滴焊接剂，但这“一滴”却给公司带来了每年5亿美元的新利润。

这位青年，就是后来掌控全美制油业的石油大王——约翰·D·洛克菲勒。

谁能想到当年一名小小的焊接员会摇身一变成为全美的石油大王，洛克菲勒用自己的实际行动创造了生命中的辉煌。同样的工作，同样的起点，却因为不去计较工作的烦累而得以坚持，因为善于观察和思考，凭借一滴焊接剂而一举成功。谁说世上没有奇迹，这不就是么？而这奇迹却是在很多人曾经不屑于做的工作中产生的。年轻人一定要汲取这个经验，在工作中不要计较一时的烦累和枯燥，任何事情只要专注去做，你准能发现一些与众不同的东西和乐趣。

能见别人所未见，才能做别人所不能做。同样，能忍别人所不能忍，不去计较工作中的小得失，才能得到别人不能得到的。不要嫌弃工作简单乏味，不要因为事情小容易做就敷衍塞责，否则你永远得不到想要的结果。

管住嘴巴，少说多做

有人开玩笑说过，为什么人有两只眼睛，两只耳朵，两个鼻孔却只有一张嘴巴呢？回答的人说了，那是因为造物主想要人们多观察，多聆听，能够更好地嗅出不同的气息，而在此基础上，要少说为妙。这真是一个奇妙并且聪明的解答！嘴的作用除了吃饭，恐怕就是说话了，有很多人一张嘴就要把事情宣扬的满世界都知道，很难想象如果给他两张嘴会是什么后果。

人们有聪慧的大脑以指导双手双脚来创造生活和艺术，当然，创造并不是闭门造车，这个过程中，与人交流也是极为重要的，把自己的思想表述给别人，别人再把对你思想的回应反馈给你，这个过程中嘴巴都起到了很重要的作用，然而如果两个人只是站在那里喋喋不休地讲而永远不去付诸实践，那么，那些美好蓝图就永远都是空想。所以，最终起到决定作用的还是两个字：去做。

小时候看过一则童话故事：一只小熊流浪到一个大森林里，他突然厌倦了流浪的生活，决心要为自己盖一栋房子。他为自己的想法感到异常兴奋，尽管还没开始实施，他就跑去告诉森林里的每一个小动物，秋天的时候来自己的家中开 party，小动物们都饶有兴趣地跑去看小熊的房子盖成什么样子了。然而，一天过去了，两天过去了，后来一个月都过去了，小熊还是懒懒地躺在用树枝垫起的小床上不肯起来。小动物们督促它说："小熊，夏天就要过去了，你的房子什么时候盖好啊？"小熊伸了个懒腰："我还在设计我房子的结构呢,你们帮我参考参考,这样这样……”小熊美美地说着自己未来房子的蓝图,就这样日复一日地过去,终于落叶覆盖了大地,冰雪再一次来到了。小熊的房子依然只是个梦想而已。

我们会说,小熊本身就不需要房子的,他们是住在树洞里的。是啊,动物的智商可能只能如此,但是人类呢?多少人从小就报了出人头地的梦想,每天都梦想着自己站在舞台中间,成为万人瞩目的焦点。他们沉迷于自己的梦境而不能自拔,可是在现实里,他们又过着无比庸碌的生活,每天早上睁开眼睛就开始抱怨:别人的道路宽;别人有的是背景,而我只有背影……我们确实不排除一些人是靠着家族或者朋友关系才涉足高位,但那毕竟是少数,多数人也都是每天在奔波着,往小处说是为了一天的柴米油盐,往大了说就是为了人生的终极目标。退一万步讲,即便你的周围都是那种有着烈火烹油般家族势力的人,那又能怎么样呢?他们并没有阻挡你向成功迈进的步伐,而真正令你裹足不前的,是你无形中形成的自卑感以及无休无止怨天尤人的心态。大把大把的青春岁月都在抱怨中耗尽,等到苍髯皓首之时回头想想,这是多么令人心痛又多么不值啊!

其实我们和故事里的小熊一样,都在追求着一处属于自己的“房子”,它的基本框架会在我们成长过程中基本定型,待到我们有能力去主动出击时它就会在远方的某个地点等待我们。每个人的生命中都有一处这样的房子,只看你如何去对待它,若真如故事中的小熊一样懒懒地躺在地上,说些空洞的套词,把梦想从春留到夏,再从秋留到冬,直至有一天须发花白,再也无力回天之时幡然醒悟,却为时过晚。

我们见过蜘蛛结网,听说过燕子筑巢,这些对它们来讲已经十分浩大的工程总是在不经意间被完成了。俗语说“燕子衔泥口要紧”,燕子若是如麻雀般唧唧喳喳个没完,那么这个燕巢恐怕没日子能住上了!任何言语都是空洞的，除非有了成绩在旁撑腰。动物们都懂得少说多做，那么物犹如此，人何以堪！

感谢造物者的苦心，只给人类一张嘴。让人们不会过度地沉浸在各种说辞中；感谢造物者给人类一个聪明的大脑，它可以思考所处的任何处境和遇到的任何问题，令人们不会在遭遇痛苦时无止境的颓废叹息；感谢造物者给人类一双灵巧的手，让人们在说够想好以后不再犹豫，只要一路的做下去。

第7章

沉住气，忍时局，人在屋檐下一定要低头

柏拉图曾说，耐心是一切聪明才智的基础。忍耐是审时度势的策略，更是其后做出的一种明智选择。忍耐的人总是品尝先苦后甜的味道，而不是在一时的舒心后无尽悔恨和肆意地挥霍人生；以忍耐的状态看待自己，对待他人，潜蓄力量，才可以不断蓄势待发，面对人际关系和事业上的不如意，多忍耐一些，才会有人生的丰收。

在忍耐中积聚成功的能量

在人的一生之中，总会有一些时候是无奈的，总会有一些事情是我们无能为力的，总会有一段时间是需要我们在忍耐中积聚能量，厚积薄发的。面对生活中的磨难和痛苦，羡慕着周遭人的经常人生，作为一个年轻人，是否能够在自己最低潮的时期忍耐贫穷、失落、异样的眼光和内心的挣扎呢？

生活给予我们挫折，就是要让我们懂得忍耐的可贵，忍耐可以铸就我们的坚强，让我们在困难中历练自己，忍耐可以让我们在贫苦中体会到生命的真谛。年轻人，当你陷入人生的苦闷和低潮时，宽心忍耐、默默坚持，蓄积能量，总有一天，机会会再次来到你身边。

白岩和郭飞是两个很好的朋友，他们一起从家乡偏远的小城镇考到了北京数一数二名牌大学的物理系。在高中时代，白岩的成绩明显强于郭飞一筹，但这种现象在大学时期并不是很突出。在四季的更替中，四年大学生活很快就结束了，郭飞由于善于交往，有着不错的人际关系，毕业后落脚在北京，虽然没有进入大型国企，委身到了一家小公司任职，但这里对他来说更有自己独立施展拳脚的空间。

而白岩则在毕业前夕准备考研时病倒了，考研及毕业联系就业单位的事情全耽误了。随后他一路不顺，在北京尝试到几家公司去应聘，均遭到失败。最后，他心不甘、情不愿地回到了老家的一家小型啤酒厂就职。他在大学学的是物理专业，回到家乡，起初的时候哪个单位也不愿意接收他，一个名牌大学的高材生在家乡小地方根本就容不下他，没有合适的单位。在游荡了很长一段时间后，在镇政府召开的大学生分配工作会议上，大家讨论他的去向问题时，各个单位的领导都表现为难，接受他困难重重，最后啤酒厂的领导说：我们总不能让名牌大学的高材生长时间待业在家吧，我们厂新引进了两台电脑控制机，没有懂得操作和维修的人，要不让他来我们啤酒厂吧。就这样，白岩去了啤酒厂上班。

在刚开始时，白岩对于工作很不适应，这里的人也与他格格不入。但他仍然保有考研的志向，并坚持学习着。离下次研究生考试还近一年的时间，他在这漫长的等待中等待着、忍耐着，终于在第二年考研成功，之后，顺利地进入到了自己所期盼的领域工作。

白岩和郭飞的经历对现在的年轻人有很大的借鉴意义，可能你没有考上自己理想的学校，没有找到一份称心如意的工作，或者工作和所学的专业相差甚远，甚至于走投无路的你，连一顿饱饭都不敢肆意地享受，然而对于一个年轻人来说，这又能如何呢？所谓"吃得苦中苦，方为人上人"，忍耐住一时的困苦，才能够谋求一生的霸业。

在人生的梦想面前，年轻人一定要学会理智的忍耐，不要让冲动把你拽入迷途，更不要在生活的磨砺下，让表面的舒适把你拖进平庸人生的泥沼。

乔依·吉拉德是世界上著名的汽车销售大王，他一生中卖出的汽车总数高达1425辆，这个数字让许多同行望尘莫及。但是，在乔依成为汽车销售高手之前，他也忍受着穷困潦倒、负债累累的生活。

当时，经济不景气，乔依根本无法顺利找到糊口的工作，因此，家人们经常吃不饱。一次，乔走在街道上，抬头看见一家汽车公司的招牌，他决定要去争取一份销售汽车的工作，经理虽然同意让乔依试一试，但附带的条件是：乔依没有基本底薪与福利，而且他只能赚取销售汽车的佣金。

后来，当乔依好不容易邀约到一名客人来公司里面看车时，他的心中只有一个想法，要是这笔生意能够成交，他就可以帮助家人购买许多食物，并且，当他想到能够看见家人满足与幸福的神情时，他的心中就无比的快乐。因此，无论如何，他一定要全力以赴！没过多久，怀抱着热切期望的乔依，终于成功地卖出他的第一辆汽车，从此以后，他开始踏上了销售高手的旅程！

乔依的经历告诉我们，无论生命中有多大的阻力、多大的困难，只要你愿意忍耐，并且始终积极地向着目标努力，总有一天你也会看到成功的大门。而很多年轻人正是在忍耐的过程中找到了让自己成功的途径，找到了让自己奋起的动力。是的，当一个人身陷困境时，忍耐住而不被困难打倒，你就有反身搏击的希望。

当人生深陷低谷时，很多年轻人只会抱怨、悲泣、责难他人和自暴自弃，甚至任由自己沉溺在低落的情绪里，他们丝毫不懂得忍耐的意义，不懂得逆境同样具有他独特的价值。如果我们对自己都失去希望与信心，我们将很难走出人生的困境。在人生的每一个阶段，忍耐都是一道独特的风景，而忍耐过后，就会看到彩虹。所以，即便你在最痛苦难熬的时候，也应该牢记光明和美好始终存在。

真正的人生就是要品味生活中的苦与乐，要乐中知苦、苦中享乐，只有这样，才能体会到生活的甘美。当你对人生感到绝望的时候，希望之火也应该在你的心中生生不息。

不懂忍耐，小心祸从口出

在这个追求个性张扬的时代，敢说敢做是年轻人的风格，也有很多年轻人凭着自己的大胆闯出了一番事业，然而这毕竟是少数。俗话说得好："病从口入，祸从口出。"一个不懂得忍耐，想说就说的人，很容易招致口舌上的是非，最后落得众叛亲离或者被人冷落的结果。

历史上这样的故事不胜枚举，三国人物中的杨修，就是一个最好的例子。

杨修开始在曹操手下任主簿，曹操很重用他，杨修却不安分起来。有一次，有人给曹操递了一盒酥，曹操吃了一些后，就又盖上，并在盖上写了一个“合”字，大家都弄不懂这是什么意思，杨修见了，就拿起匙子和大家分吃，并说：“这‘合’字是叫人各吃一口啊，有什么可怀疑的！”

还有一次，建造相府，才造好大门的框架，曹操亲自察看了一下，没说话，只在门上写了一个“活”字就走了。杨修一见，就令工匠们把门造窄。别人问为什么，他说门中加个“活”字不是“阔”吗？丞相是嫌门太大了。

建安24年，刘备进军定军山，战事对曹操非常不利，进害怕刘备，退怕人耻笑。一天晚上，护军来请示夜间口令，曹操正在喝鸡汤，就顺便说了：“鸡肋”，杨修听后，就让随从军士收拾行李，准备撤退。曹操知道后责问杨修，他竟说：“魏王传下的口令是‘鸡肋’，可鸡肋这玩艺，弃之可惜，食之无味，正和我们现在的处境一样。”曹操听了大怒：“匹夫怎敢造谣乱我军心！”于是喝令刀斧手推出斩首，并把首级悬挂于辕门之外。可怜杨修一世聪明，就这样到死也不知自己死因何在！

像杨修这样自恃聪明，因为自己能猜透上级的心思便处处显摆，不肯忍耐，以至使自己丢了脑袋，实在令人惋惜。年轻人一定要引以为戒，功高盖主对于上级来说已经是一种忌讳，更何况还明目张胆地说出来，这不是等于在嘲笑你的上司不如你么？

苏格拉底说：“你要聪明，但不能让人知道你聪明。”彰显个性、发挥本领是工作中的需要，然而用实际行动证明自己的实力就够了，千万不要在言语上做过多的文章，否则你的下场很可能像杨修一样！

在《佛经故事》中有这样一个故事：

有一天，释尊带着侍者阿难到王舍城内托钵后，走出城外。他们看见一个巨大深坑，乃是城内居民倾倒大小便的粪坑，雨水和脏水混入，臭气冲天。其中有一形似人状，而且有许多手脚的小虫。它从遥远处就看见佛来，不断从臭水中抬起头来，泪水直流地仰望着佛陀。

释尊见它那悲凄状，忍不住从怜恤的眼神里呈现着悲哀，此时，一切反应都看在阿难的双眼里。

佛返回灵鹫山后，阿难铺好坐垫，佛静静地坐着。

阿难代表大家向佛打听刚才看见小虫时，为什么呈现难过的表情呢？

"世尊，刚才在王舍城外看见粪坑里的小虫，它前世到底做了什么罪孽呢？何时投胎在那臭水坑里呢？何时才能脱离那种痛苦呢？"

"阿难，你们仔细听着。"

佛陀开始谈起它的前后因缘。

这是过去佛出世教化一切众生结束，入灭以后的事情。当时，有一位婆罗门建造寺庙。供养许多僧伽，有位施主供奉许多奶物。一天，适逢一群云游和尚来访，该寺的知客僧心里想：施主特地送来一批供养品，来了一群不速之客，端出来未免可惜，干脆藏起来吧！知客僧果然暗中藏起奶物，不肯摆出来让大家吃。不料。那群作客僧伽早已知悉此事，就责问知客僧说："你为什么不让我们吃那些奶制品呢？"

"你们刚来作客，我是寺里的老主人，新来客人怎能享受佳肴呢？"

"奶物是施主供奉的，现在住在寺庙的人，应该不分彼此，都能够分享才对。"

知客僧被人责备后，愈加愤怒，以至失去自制心，破口大骂："你们去喝厕所的脏水吧！那有资格享受这些美食呢？"

佛把话说到此，就转口说："妄开恶口，终有恶报，在以后数千数百年的漫长时间里，他就投生在厕所坑里了，也就是王舍城外那小虫。他只是对许多出家人说了一次恶言恶语，就饱尝如此痛苦。凡我弟子都应该明白祸从口出，妄开恶言会惹火烧身，故不能等闲视之，对父母和其他人必须言谈温和。"

大家听完佛陀的说法，无不感激万分，各自合掌向佛礼拜，肃静离去。

是的，妄开恶口，终有恶报。不要说故事中的知客僧做得不对，即便是对的，即便是他被人冤枉了，也没有必要破口大骂。俗话说："忍一时风平浪静，退一步海阔天空。"能忍的时候何不忍一时，能退的时候何不退一步？年轻人一定要汲取知客僧的教训，莫让今日的妄开恶口，报应到未来的自己身上。

年轻人要记住：忍耐是人生中的大智慧。凡事都要较个真，问个底，处处想显示自己的小聪明，最后只会自找麻烦。面对许许多多无关原则的小是小非，不妨忍住自己的表现欲，选择沉默，这于人、于己都有百利而无一害。说话要分场合、分对象，最大的聪明便是装傻，装傻就是会忍耐，能忍耐。这又何尝不是一种高明的处世之道呢？

枯燥是走向成功的必经之路

无论做什么事都有一个过程，这个过程可长可短。很多年轻人光是看到别人的成功，却不知道别人在成功之前付出了多少时间去努力，不知道别人巨大成就的背后是多久的忍耐。学过物理的人都知道：从量的提升到质的飞跃需要一个过程，这个过程就是数量积累的过程。同样，对于想要成功的年轻人来说，在机会的大门打开之前，你需要一步一步向前迈进，直到你的手指可以碰到大门，直到你整个手掌的力气可以推开成功的大门。

对于年轻人来说，用足够的耐心去等待成功的到来并不是一件容易事，大多数年轻人都缺少这份耐性。我们每时每刻都渴望着美好的结果快快到来，然而却忽略了耐心等待的重要。通向成功的路有很多条，然而无论是阳关大道还是羊肠小路，都需要年轻人付出足够的耐心，只有走到路的终点，你才能看到成功的微笑。

从前，有个年轻人希望自己能够事业成功，为此他付出过许多努力，然而屡遭失败。

为此，他拜访了一位智者："请问，我为什么不能成功？"智者微微一笑，说："我这里有两袋芝麻，黑白芝麻混在一起，你今晚把黑白芝麻分开，明天来我会告诉你答案！"

年轻人回到家中，看着两袋芝麻无计可施，心想：要把这两袋芝麻中的黑白芝麻分开，那得要多少天呢！年轻人用手拣了一会，就没有了耐心。

第二天，他来找智者。智者问年轻人："你这么快就把黑白芝麻分开了吗？"年轻人不好意思地说："太费劲了，这两袋芝麻没个十天半月是分不开的，你就别让我分什么芝麻了，直接告诉我答案吧！"

智者听了年轻人的话，还是微微一笑，说："我的答案已经告诉你了，成功就好像要把这黑白芝麻分开，首先要肯定，要忍耐，要有耐心坚持下去，这样总会成功。而你缺少的就是耐心！"

年轻人恍然大悟，从此对自己的事业目标执著追求，十年后，他成了上市公司的老总。

是啊，成功就像把黑白芝麻分开，首先要有耐性，然后要坚持，只有这样才能成功，否则，你只能忍耐失败的到来。不管你的梦想是大是小，要实现它,都要有一个艰苦奋斗的过程,都要在忍耐中等待机遇的垂青和时机的到来。

如果你焦急地想借助一些工具走便捷之路,那么很可能会在路的尽头发现“此路不通”,因为没有任何工具可以帮助你不费吹灰之力而直达目标,如果有,那肯定是陷阱。年轻人一定要以此为戒,要用耐心去对待每一件事,没有耐力,没有付出,任何成功都不会与你结缘,也因为如此,很多触手可及的成就往往在放弃等待的那一刹那渐渐远去。

每一个年轻人都要都懂得等待时机,要学会忍耐成功之前的枯燥,在时机未到之时,静静地处理眼前的工作,做好到达成功所需要的一切准备,坚定自己的信心并且一如既往地等待。要知道,没有无时无刻的养精蓄锐,没有储存实力,即使时机到了,仍然会一无所成。

年轻人在耐心等待成功的过程中,要用你的意志力、耐力、坚持去战胜一切困难,包括成功前最动摇人心的等待。如果你有足够的耐心坚持下来,如果你有足够的耐心战胜它,如果你有了不达目的决不罢休的执著精神,那么你的人生之路就会越走越开阔,每一个看似遥远的目标在你的努力下都能达成!

趋利避害,谋定而后动

每个初入社会的年轻人,每个刚刚进入职场的年轻人,都难免会做错事,然而在做错事之后你会怎样做,你对错误的认识和反省无疑成为了上司对你处罚大小的参照。就像每个公安局的审讯室的墙壁上贴着的那句话说得那样:坦白从宽,抗拒从严。如果你老老实实交代犯罪事实,认罪伏法态度较好，法律会予以从轻处罚。

生活中也是如此，如果你在犯错误之后，表现得懊悔不已，深深自责，那么别人也会看在你的态度上不去过多地追究。如果说此时的你并没有觉得自己的错误有多严重，那么就要学会看别人的脸色，要适时地忍耐住自己的冲动；否则，你可能会看到自己和下面故事中猎犬一样的下场。

从前，有一个人叫艾子，他非常喜欢打猎，喜欢骑在马背上追逐鸟兽那痛快的感觉。为了自己的爱好，艾子养了一条善于追捕逃跑兔子的猎狗和一头机警迅捷的猎鹰。每次外出打猎，艾子都要带上心爱的猎狗和猎鹰，并把捕到的兔子的心肝扔给猎狗吃。所以每次艾子捉到兔子，猎狗总是摇着尾巴，两条前腿竖起来，不停地上下蹿跃，等着艾子将兔子的心肝喂给它吃。

一天，艾子外出打猎，在山上转悠了半天，一只兔子也没遇到，这时的猎狗已经非常饿了，肚子时不时发出咕咕的叫声。

正在这个时候，两只兔子从草丛中窜出来，向旁边不远处的灌木丛跑去。艾子便放猎鹰去咬兔子。两只兔子在草丛中上蹿下跳，非常难捉。猎鹰也随着兔子上下左右地扑腾，但是想要捉到兔子却很是费劲。这时，猎狗跑过去对准一只兔子猛咬下去，结果正好咬在猎鹰的脖子上，把猎鹰咬死了，两只兔子也趁机逃跑了。

艾子跑过来，看到自己心爱的猎鹰死了，十分伤感。艾子把猎鹰拿在手中，心里不住地懊悔和气愤，伤感至极竟流下泪来。而此时，猎狗却摇着尾巴走过来，高高地把前腿伸过来，上下跳跃，摇头摆尾，沾沾自喜地向艾子邀功请赏，等艾子喂它心肝吃。

艾子看到猎狗这样，气不打一处来，用手指着它大骂不止："你这只不知羞臊的狗，咬死了我的猎鹰，还敢在这里摇头摆尾地请赏？"

最终，主人在盛怒之下打死了猎狗，让它为心爱的猎鹰陪葬。

故事中的猎狗做错事而不自知，最终成了盛怒中主人的枪下亡魂。其实，如果当时猎狗忍耐住对心肝的欲望，回到家中再去要求食物，或许主人已经冷静下来，原谅猎狗的失误；又或者猎狗看到主人正在盛怒悲伤之际，赶紧乖乖地躲到一边去，低头示弱，做懊悔和害怕的样子，艾子一看猎狗知道自己错了，在旁边吓得瑟瑟发抖，也就算了，不会再责骂了，更不会让它为爱鹰陪葬。

俗话说，人要有“眼力劲儿”。在形势不明朗的情况下，低头修身，不彰不显，才是明智的举动。中国有老话“人在屋檐下，不得不低头”，人不能孤傲于自己的想法，有时也要向自己的执著低头，为获得更长久的利益而忍耐，因为只有这样，才能更好地活下去，这是一种能力，也是一种求生手段。

伟大的文学家歌德，每次在路上遇见魏玛皇室的车马，都会急忙退至路边，低首鞠躬，以示敬意，无怪乎魏玛皇室帮助了他几十年。而更加伟大的音乐家贝多芬却恰恰相反，他对此不以为然，每次遇到魏玛皇室时，都直挺挺地站在那儿，绝不向魏玛皇室躬身，他也因此穷愁潦倒了一辈子。

贝多芬的音乐才华受人赞赏，无不称绝；他的气节让人钦佩，敬重有加。然而，如果他能够收敛一下自己的“嚣张气焰”，适当低头，他的人生际遇也许就会发生天翻地覆的变化。在现实生活中，人人都不喜欢他人直身昂首，同样不喜欢低头示弱。在睿智的人看来，低头是低调的忍耐，是“示弱”而非“是弱”。强与弱不就是对比看待的，对于那些心高气傲的人来说，挣得一时的小胜，也许会给日后的大胜制造障碍。

年轻人在这个复杂的社会中生活，多一点谨慎和小心是必须的。低头是忍耐的姿态，更是一种知趣的智慧。虽说乱世出英雄，但在局势不稳定时，特别是在不恰当的时候表现自己，往往如出头的鸟一样首先遭殃。

有人说“忍耐和坚持是痛苦的，但它逐渐给你带来好处。”在这个世界上，没有快乐的忍耐，也没有轻松的坚持。倘若忍耐和坚持变得不再痛苦，那么也就无须去做这两样事了。忍耐之所以痛苦，是因为要忍受一些我们不愿意做但是又不得不做的事，要忍受一些我们对其愤怒却又不得不暂时向其低头的人，忍受的确是一种对身心的磨练。然而忍受的目的，却是为了趋利避害。

趋利避害，字面上理解就是向利益和有利的一方靠近，避开有害的那方面。趋利避害是人的一种本能，就像危险发生的时候，任何人都会急于保护自己的生命和财产一样。但是，人虽有这种本能，却并不是都有这种本事，有的人虽然很想做到趋利避害，却不知道做这件事需要超乎一般的忍耐，因为只有在忍耐了某种不舒服的情况下，才有可能最大限度地保护你的利益。

小事忍耐则大局定

每个人都会说“要忍耐”，忍一时风平浪静，忍一忍很多事情都会过去，美好的生活很快会到来。然而具体到我们的生活中，该怎样忍耐，什么时候应该忍耐，没有多少阅历的年轻人怎样去把握呢？至少，应该学为大局着想，为了保全整体的利益而忍耐，你就会是一个让人欣赏、敬佩的年轻人。

战国时期，赵国的蔺相如因为出使秦国，临危不惧，战胜了骄横的秦王，为赵国立下大功，因而赵王封他为上卿。

廉颇是赵国的一员名将。武灵王在位时，南征北战，为赵国立有汗马之劳；惠文王当政后，他东挡西杀，更是为赵国屡建新功。他是赵国谁都比不了的举足轻重的功臣。他若拥护谁，谁便如顺风乘船，他若反对谁，谁就似逆水行舟。

蔺相如为上相后，廉颇不满地逢人便说："我有攻城野战之功，他蔺相如算什么？只不过是有口舌之劳。况且，他是宦者舍人，出身卑贱。然而，他的官位竟居我之上，我怎能甘心？哼哼，待我见到他，非羞辱他一番不可！"

一日，蔺相如乘车外出，在一条窄窄的街上，与也乘着车子的廉颇走了个对面。为避免发生冲突，蔺相如赶忙命他的车夫将车子避匿在街旁的一个小巷子里，待廉颇的车过去后，他的车才走出巷子重新来到街上。可是，刚走了几步，没想到廉颇命他的车夫调转车头，又追了过来。蔺相如只好命他的车夫再次将车子避匿在街旁的巷子里，等廉颇的车子过后再走……

蔺相如总是避开，不与廉颇发生冲突。每逢上朝的时候，常常称病不去；有时，蔺相如出门远远望见廉颇，便绕道而行。

蔺相如的门客和侍人对此很是不平，他们觉得主人太胆小怕事了，便向蔺相如说："我们之所以离开亲人来侍候你，只是羡慕你的高义。如今，你与廉颇地位相同，他宣扬恶言，而你却怕他、躲他、避他，害怕他也害怕得太过分了。你这种做法就连普通人也感到羞愧，更何况你呢。我们无能，让我们走吧。"

蔺相如阻止他们说："诸位认为廉将军和秦王比起来如何？"

门客们说："廉将军不如秦王。"

蔺相如说："秦王威震列国，诸侯都怕他，而我却敢在朝堂上公然斥责他，难道还会惧怕廉颇将军吗？现在强秦虎视眈眈，秦王之所以不敢侵赵，就是因为我和廉颇将军在。如果我们将相失和，岂非帮了秦王的忙？我决不能为了私事而把国家利益放到脑后。"

廉颇后来听到了蔺相如的这番话，深觉自己的做法太过分，带着惭愧心情，向蔺相如负荆请罪："我是个粗鲁人，不知道将军宽宏大量如此，请相国恕罪。"廉颇和蔺相如和好，结成了生死交。他们在世时，赵国仍雄立，强秦不敢小觑赵国。

这个故事大多数年轻人都是从课本上了解到的，廉颇负荆请罪的故事也是流传千古，让人肃然起敬。作为文人的蔺相如，有着宽广的心胸，为了国家的利益，忍受了同伴的批评、朋友的误解。因为他知道过多的争辩和"反击"实不足取，唯有忍耐、谅解才能保住大局。

俗话说：忍耐是为了趋利避害，蔺相如的大仁大义，宽容忍让，让每一个和他接触的人都深受感动。作为新时代的年轻人，虽然不用去考虑国家的生死存亡，不用去担心民族的内忧外患，但是面对自己的工作、生活、家庭，怎样用忍耐来获取自己追求已久的幸福，便是最值得每一个年轻人深思熟虑的事了。俗话说"有容乃大"，年轻人要有宽容之心，忍耐的度量，这样才能使自己强大，使家庭更美满，工作更顺利，人际关系更和谐。

如果把一杯墨汁倒入大海，能把大海染黑吗？肯定不能，不是因为海水可以流动，而是海洋的胸怀足够宽广，莫说一杯墨汁，就是一缸、一百缸，也会在很短的时间内被巨量的海水所冲淡；那么如果把一杯墨汁倒入盆中，盆里的水会怎样呢？很有可能，一两秒钟，整盆水都变得和墨汁一样黑了。同样的道理，年轻人为什么要为了全局而忍耐呢？因为个人的痛苦和不幸，比起整体来说，显得是那样的微不足道，个人的点点痛苦，如果放在全局的海洋面前，就是沧海一粟，因此只有取大义者方能成大事，要想有超人的成就，就有要超人的心胸去忍耐别人和世事。

对于伟大的人来说，小忍可以成事，大忍可以成国，在忍耐中，彰显他们人性的光辉；而对于现代社会的年轻人，学会为大局着想，为全局而忍耐，总有一天，你也会百炼成钢，成为社会、公司、家庭的功臣，被你的同事、朋友、家人所钦佩、敬仰！

在忍耐中等待希望的到来

每个人都有自己的抱负和理想，年轻人喜欢闯荡世界，喜欢挑战新事物，更想要创造出自己的事业王国。然而白手起家谈何容易，就好像一条长长的跑道，你不知道它的终点在哪里，更不知道它到底有多远，自己的脚步要迈多久，但只要你耐心地跑下去，终会看到埋伏好鲜花和掌声的尽头。

数九寒天，一座城市被围，情况危急。守将决定派一名士兵去河对岸的另一座城市求援。这名士兵马不停蹄地赶到河边的渡口，却看不到一只船。平时，渡口总会有几只木船摆渡，但是由于兵荒马乱，船夫全都逃难去了。士兵心急如焚。他的头发都快愁白了，假如过不了河，不仅自己会成为俘虏，就连城市也会落在敌人手里。

太阳落山，夜幕降临。黑暗和寒冷，更是加剧了士兵的恐惧与绝望。更糟的是，起了北风，到了半夜，又下起了鹅毛大雪。士兵瑟缩成一团，紧紧抱着战马，借战马的体温取暖。他甚至连抱怨自己命苦的力气都没有了，只有一个声音在他心里重复着：活下来！他暗暗祈求：上天啊，求你再让我活一分钟，求你让我再活一分钟！当他气息奄奄的时候，东方渐渐露出了鱼肚白。

士兵牵着马儿走到河边，惊奇地发现，那条阻挡他前进的大河上面，已经结了一层冰。他试着在河面上走了几步，发现冰冻得非常结实，他完全可以从上面走过去。士兵欣喜若狂，就牵着马从上面轻松地走过了河。城市就这样得救了，得救于士兵的忍耐和等待。

在战争中士兵的耐心拯救了一个城市，在现实社会，年轻人的耐心，或许会挽救一个公司,一个家庭。耐心是一种耐性,是一种品格,更是成就大事必须具备的一种习惯,有耐心的人,无往而不利。能忍得旁人所难以忍受的东西,才能使自己不断地积蓄力量,增强忍耐力和判断力,这样才能为将来事业的成功积累资本。年轻人要学会等待,在忍耐中等待成功大门开启的那一刻。忍耐即是成功之路,能忍耐的人,才能够得到他所要的东西。

对于任何一个初入社会的年轻人来说,不论从事哪个行业的工作,不论身在哪个领域,都会遇到很多未知和不确定的事,很多时候因为不够了解,没有办法作出好的决断,那么与其茫然地做出选择,不如静下心来,耐心等待,看清事情的发展方向再做决定也不迟。

琳达是一所幼儿园里的年轻老师,虽然教学经验不多,但深受孩子们的喜欢。有一天,她让孩子们画画,画那些自己可以想到的任何东西,孩子们可以自愿地向老师要画纸,画完一张可以再要一张。

一般的孩子要一张就够了,画得快而好的孩子要了第二张。但是有一个其貌不扬的胖男孩,他一会儿要一张,一会儿又要一张,不一会儿就要了20张画纸。在胖男孩要画纸的过程中,琳达有些疑惑,心想:这孩子不好好画画,怎么一会儿要一张,搞什么名堂呢?在浪费画纸吗?琳达凑过去看了看胖男孩的画,看不出他画的是什么,不禁有些生气,想把他叫到办公室,训斥一顿。但琳达又一想,现在还在上课,不如让他画下去,看个究竟。

一头雾水的琳达不动声色地坐在旁边,也不拒绝孩子的要求,只是细细观察。到绘画课结束的时候,其他孩子们的画都交了上来,他们有的画花,有的画鸟,还有的画大轮船、大汽车什么的,唯独这个小男孩没有交上来。老师走过去看看,原来这孩子把20张纸铺了一地,拼成了一个大象的图案。

“太好了!”小朋友们和老师不由得赞叹。琳达突然意识到,自己没有意识到小男孩是在拼图,幸好刚才耐心看下去,没有无端地拒绝给小男孩画纸。琳达发现胖男孩有想象力和画画的天赋。于是赶紧找到胖男孩的父母，让他们极力培养孩子画画的专长，几年后，这个孩子一举成为一个绘画高手了，而且其设计的作品也屡屡获奖。

老师的耐心和等待让一个孩子完成了富有创意的一幅作品，也使得孩子的天赋被老师发觉并得以及时培养。这个孩子是幸运的，能够遇到这样一个有耐性的老师，这个老师是幸福的，能够发现一个天才儿童。不管怎样，这其中最应该感谢的还是老师的忍耐，每一个年轻人都需要这样一个老师，在没有被这样的老师发现之前，你自己是否能够等待老师的出现，等待被老师发现，或者成为自己的老师呢？

柏拉图说过："耐心是一切聪明才智的基础。"年轻人，无论任何时候，请耐心等待一下，不要让自己的急躁和武断造成失败的结局，造成一个天才的夭折，也不要盲目地跟随他人的脚步，耐心等待一下，找到真正适合自己的工作，适合自己的生活，适合自己的感情，在真理没有出现的时候，耐心地等待是对自己的负责！

不为外因动摇，坚持走自己的路

春秋时期孟子提出"养气"学说，他提倡人应当注重自我修养的提升，内外兼修以形成气韵淳佳的君子风范。泱泱五千年文明犹如一条奔流不息大河，波涛汹涌地吞没了无数的刀光剑影和鼓角争鸣，却从中淘洗出闪闪发光的高尚人格，如一颗颗沉睡在海滩上的贝壳，等待着现代文明再次把它们唤醒。

现代社会中的种种犹如白云苍狗般变幻莫测，人们追逐着各自的温饱小康，疲于应对各种局面。然而，人终归是社会的产物，两人在追求理想的路上很容易有了彼此的交集，此时若是利益相当那自然最好不过，然而更多的时候是意见相左，利益相冲。于是，人们站在各自的立场上，手中紧紧攥着既得利益，彼此争得面红耳赤，不可开交。矛盾产生了，紧随其后的很容易就是各种解决矛盾的方法，当然也不排除一些不和谐的方法在潜滋暗长，比如：挖苦、中伤或是陷阱。

其实人们都没有错，他们知道自己的一切来之不易，更明白自己不仅仅对自己负责，还要担负起一个家庭的责任。他们只是太过紧张，生怕自己辛苦得来的一切会这样轻易地付诸东流，他们只是太爱自己，忘记了还有很多人需要他们去关注，去爱护。所以他们紧张地戒备着每一个人，对任何一个可能的威胁都虎视眈眈、毫不相让，一点点小事情就会让他们暴跳如雷，情绪失控。是的，我们处在一个快餐文化的时代，但这种快餐文化却令人们变得浮躁起来，很多人都是头脑一热就去做事情，很少有人愿意沉下心来思考为什么要这样做，思考到底那种生活方式适合自己。所以人们往往随波逐流，如前面提到的一样，看到利益就马上去争取，根本没人思考这个东西是否适合自己，也许追求到了最后，才发现是一张废纸而已。

庄子的故事大家都很熟悉。庄子厌弃官场污浊的生活，情愿做一个游荡于江湖之上的闲散人员。然而国君对他还是器重的。一个阳光灿烂的午后，两名钦差大臣来到了庄子的身边，毕恭毕敬地请求庄子跟他们一起受封于朝廷，官爵在手，从此可以衣食无忧。两人苦苦哀求着，然而面对这突如其来的荣耀，庄子平静地拒绝了。他指着水中游弋的乌龟对两人说："你们说说，这只乌龟是愿意被杀死，然后供奉到高贵的太庙上去呢，还是愿意自由自在地在这泥塘里终老一生呢?"两位官员的智商还是正常的："当然是愿意生活在泥塘里了。"庄子一笑："那么二位请回吧，我就愿意做这样游弋于泥塘中的乌龟。”

庄子自然是胸有大才之人，否则不会被国君看中，又差人苦苦相邀。然而庄子对于自己想要什么思考得很清楚，富贵虽然令人垂涎，但伴君如伴虎的生活也实在让人挠头！快乐自在才是人生的真谛。

这里我们能看出，庄子沉心静气地剖析着人生，从纷乱的红尘中剥离出生命的本质。本质如此，从此便不再受名缰利锁的羁绊，心才真正地解放出来，成为一个独立个体，拥有了一个独立完整的人格。

现代人的生活压力极大，身边的诱惑也是古人比不了的。所以也不能去要求每个人都像庄子一样鄙弃富贵，厌恶流俗。毕竟大家都是吃五谷杂粮长大，没有人能靠喝露水活一辈子。既然是这样，我们就更应该沉得住气，多去思考属于自己的人生路线和轨迹，“最好的不一定是适合你的”，这句话就是最好的诠释。

年轻人刚刚走出大学校门，一下子从学生过渡到社会的一员，心理的动荡程度一定是不小的。在面临自己的择业问题上，一定要想清楚自己究竟需要什么，自己的发展方向是什么，自己的前途在哪里，要用多少年去实现。这些问题看似枯燥，但却又不可回避。如果现在回避了，迟早有一天会被它们重新堵在人生的道路上，变得束手无策。

很多大学生在大三的时候就开始规划自己的人生了。有人选择考研，有人选择考公务员，也有人冲进各种招聘会给自己挑一个合适的职业。最后一种姑且不论，在这里先谈谈考试的问题。

我的一位朋友大三时候选择了考研。其实她并不是喜欢这个专业，而是看到很多人都报了这个专业的研究生，她的心也开始发痒了，最后放弃了一切工作机会，着手复习考研。然而，考研的生活是非常简单枯燥的，每天都对着课本干巴巴地看，这与找工作的东奔西走比起来显得异常乏味。所以此时，朋友的心又开始活泛了，她试着扔下了手中的课本，和多数人一样开始在每个招聘会间奔波。此时她的心态没有完全摆正，她依然抱着一种“自己还是学生，并不是真想找工作，只是想出来见见世面的”心态，正是由于这种心态，她对每一项工作都是挑三拣四的态度，而她原本只想暂时放下的课本却再也拣不起来了。最后的几个月，她都游离在各种选择之中，过得浑浑噩噩，毕业时也没有和任何一个用人单位签约，当然，她的考研分数也没有过录取线。

细想一下，她是因为脑袋笨而错失良机吗？当然不是。错误往往都是聪明人犯的，一个人太聪明，思维太过活跃，就注定要在某些问题上纠缠不清，纠缠不清就开始浮躁起来，最后自己乱了方寸，全盘皆输。假如她一开始就静心思考自己的毕业规划，确定自己是应该投入社会还是继续留在学校深造，一旦得出结果就马上全力以赴，不再受任何外力的干扰，那么她的结局必定不会是这样的，成功的门总有一扇为她敞开。然而最终剑走偏锋，又能怨谁呢！

这样的事情其实很普遍，发生在很多年轻人身上。这也许是自身条件所导致的：年轻气盛又缺乏对生活的深刻认识，浮躁而缺乏耐心和毅力，使得很多梦想夭折在路上，本该美好的人生旅程里凸显出一处又一处败笔。思之令人痛心扼腕！

王国维曾归纳出人生的三种境界，分别是：“昨夜西风凋碧树。独上高楼，望尽天涯路”；“衣带渐宽终不悔，为伊消得人憔悴”；“众里寻他千百度，蓦然回首，那人却在灯火阑珊处”。他用三首词中的句子分别代表了人生的每个阶段，也可以说是每一次寻觅。第一句侧重于思索，第二句渲染了坚持的重要性，而最后一句也正说明，行动是成功路上必不可少的因素。在这里我们能看出，王国维先生把思索和坚持放到了行动之前，自有他的寓意：没有思考的行动必将是盲目的，而没有坚持的思索也是徒劳的！两者失掉其一，都会令人生黯淡无光。

人人都爱说心如止水，然而究竟何为“心如止水”？是扔石头都激不起任何波澜的平静吗？不，那应该解释为心如死灰才更贴切。真正的心如止水，不是拒绝波澜，而是在波澜频起的时候还能沉静自若，兵临城下时依旧可以谈笑风生，人声鼎沸时还可以坚持自我。这是人生一种绝佳的风韵，这样的人不但拥有智慧，还可以驾驭智慧，以一种高屋建瓴的角度，超然地俯瞰人生。

调整心态，百忍成钢

人们常说：“时势造英雄”。如果把英雄比喻成一颗有潜力的种子，那么时势就是一片土地。那么这里透出的含义不言而喻：英雄固然伟大，可更重要的是要有一片培育英雄的土壤。然而造化弄人，英雄的种子往往会被丢弃在阴暗贫瘠的角落，任他们自生自灭。当人们正在抱怨这样的凄风苦雨不是人能够忍受的时候，种子就会悄无声息地钻出来，用行动来诠释奇迹的含义。

当代的年轻人大都踌躇满志，初入社会的他们还没有尝到足够的苦涩来刺激自己的神经，所以很多人把前程想象的过于美好辉煌，这种心态使得他们在遭受不公或是挫折时立刻拍案而起，而从来不会去想这样做的后果。如此做法固然显得血气方刚，也算是勇气可嘉，但深究其内涵，似乎是很苍白的。古人在遇到此类事情而无法排遣时便会写诗，一句“古今皆如此，非君读拊膺”足以说出人们的无奈心情。然而无奈归无奈，事情终归要去解决，那么当你这颗英雄种子被命运很不幸地抛到了一片不毛之地，你将会如何去做呢？

现代生活的压力把人们的忍耐程度推到了极限，每天的生活工作当然不会都是顺风顺水，逆境往往更愿意跳出来和人们见面，它装扮成各种姿态，深入到每个领域去考验忙碌的人们。其实能被它考验的人都是幸运的，古人说："故天将降大任于斯人也，必先苦其心志，劳其筋骨……"英雄的不平凡往往在于他生于毫末，长于逆境，他成长的过程大都是艰辛而痛苦的，在这个过程中，他要忍受常人所不能忍受的一切伤痛，哪怕包括对于自身人格和尊严的践踏。

我们都熟悉越王勾践卧薪尝胆的故事。当年越国被吴国所打败，越王勾践被迫到吴国为人质。大家都知道，在封建王朝里，国君是一个国家最高权利和荣耀的象征，现在一个堂堂君主被强迫给另一个国君做奴隶，这样的侮辱和践踏不是每一个人都能忍受的，然而勾践却甘心住在一间小屋里，毫无怨言的为吴王夫差当上马时的垫脚石，吴王夫差生病时，勾践为了表示忠心还尝了夫差的粪便，从而判断出夫差痊愈的时间，这个举动令夫差大为感动，认为勾践已经完全臣服于他，终于在历经多年之后肯把勾践放回国去。

勾践回国之后，马上在房梁上悬挂苦胆，同时把被褥撤去换成干柴稻草。时刻提醒自己不要忘了亡国之辱。就这样励精图治十年之久，在他的领导下终于打败了吴国，使得吴王夫差走投无路，掩面自杀。

先抛开勾践不说，单说夫差实在太单纯了！一个被俘虏来的敌国元首，怎么可能完全归顺于你，虽说是弱国无外交，但一个国君要是连这点血性都没有的话，就趁早让贤算了。勾践的举动在人们的料想当中，他迟早都是要复仇的，然而他身处逆境中的那份超出常人的忍耐却令所有人折服！

这样的人就是注定要成大器的，哪怕他现在有多么的怀才不遇，他的现状是如何的黯淡无光，看起来似乎永远没有出头之日。然而，他们就像是一颗颗英雄的种子被无情的命运丢弃到了贫瘠的山沟里，风雨如晦的年月里，他们会默默地忍耐命运的不公与嘲弄，在忍耐中拼命地从贫瘠的土壤中吸取养料和水分，只为了有一天能够以一种惊羡世人的姿态破土而出，然后艰难地成长壮大，开出绚烂的花朵，结出自豪的果实。人们此时才恍然大悟：原来那个不起眼的、八面碰壁的孩子竟是这样一个人物！

最终的成功固然令人向往，然而，忍耐的过程是痛苦而漫长的。年轻人们常说："忍是什么？心字头上一把刀！"把利刃置于心上，意味着迎接每一次心脏跳动的都是刻骨锥心的疼痛，而那些困境中的指责和伤害，都像是疼痛之后的冰霜，像是一把把粗盐，缓缓地撒向未经愈合的伤口。人们挣扎着，辗转反侧间真想甩开一切顾虑去发泄、去反抗。然而不行，社会在赋予人们权利的时候往往会伴随着更多的责任，人不是一个单纯的个体，他的举动牵动了整个家庭的幸福，牵动了整个团体的成败！他不能不顾一切地发泄情绪，否则周围的一切会像被钉得千疮百孔的墙壁一样永远不能愈合，事情也会变得更糟。出路总是会有的，但到达出路之前的唯一办法只有忍耐。常言道"忍一时风平浪静"，并不是虚妄怯懦之语，说这句话的人定是经历了无数大风大浪之后做出的总结，包含了一种沉淀的智慧，是以一种智者的心态对世人的劝诫。

大家当然不愿意受人指责，寄人篱下。就像勾践也不愿意当敌国的俘虏。然而不愿意又有什么办法呢，人们的生活总是有阴晴圆缺的变化，谁的一生都不可能像开心农场中的菜，一直都是风调雨顺地成长着，直至收获。要真的是那样，你不会觉得生活过于平淡甚至平庸吗？话说性格决定命运，命运的悲剧往往就是性格的悲剧。我们并不是指责棱角分明的性格不好，但是棱角太过分明的人往往也是易怒的典型，对着迎面而来的困境毫无顾忌地发泄一通,其结果就相当于在没有任何武器的前提下与凶猛的野兽展开一场厮杀,结果不言而喻。这样的行为也只是匹夫之勇,不足挂齿。

一个当中学老师的朋友给我讲了这样一件事:他们班上有个孩子性格特别温和,从来都不见他发脾气,对谁都是一副低眉顺眼的样子。也正因为这样,很多不懂事的小男生就常常拿他开玩笑,他听了之后,也不笑也不恼,事情每次都是这样简单地过去。慢慢地,大家只要一闷了就会拿他开玩笑,他成了同学们解闷的工具。突然有一天,一个胖胖的男生又拿他开涮——当然,同学的玩笑话说得可能重了一些,但绝对没有恶意。只见这个平常温文尔雅的男孩儿突然暴怒起来,顺手抄起凳子就向那个胖男生砸去,幸好没有砸到,后来老师及时赶到了,制止了这场"暴动"。

大家都十分不解,老师也很纳闷,便询问男孩儿何以生那么大的气。男孩儿哭着说:"他们平常就欺负我老实,我都忍住了,可那天我实在是忍不下去了……"

听过这个故事,大家都会陷入深深的沉思:原来忍耐不单单是一种形态,更是一种风度。一个人早上一睁开眼也许就有一堆烦心事在蠢蠢欲动,他自然是要去解决,而解决不了又不能发泄时就只有忍耐。这时候的忍耐就不应仅仅是对现行事物无力招架时做出的无奈选择,而更应该是一种迂回的智慧:我现在没法解决你,但我会努力,总有一天能很好解决的!人在逆境之中应当抱有一种宽容和谐的心态,在此心态之上还应该抱有一种坚定的信念,如此的忍耐才有意义可言。而不是像上面说得那个孩子一样和人赌气,实在憋不住了就如山洪般爆发,伤了自己,也伤了别人。

其实,忍耐就是一种理解,一种容纳。人们常说"海纳百川,有容乃大"、"宰相肚里能撑船",这些说得都是一种忍者精神,容忍的境界是不仅要能包容它、适应它、理解它,最重要的是最终要改变它。弥勒佛是"大肚能容天下难容之事”，那么我们为何不能做到呢？其实每个人都是自己的佛祖，无论何时，自己要学会度自己，多用豁达的态度去面对生活，以坚韧的姿态去改变它，总有一天你会发现，曾经遥不可及的成功竟然近在眼前了呢！

站着做人，跪着做事

现在的人们多喜欢标榜自己独立的人格和高尚的尊严，在强大的现实面前，有人固执地抬起头以显示自身的高贵不屈，然而生活的门框总有它固定的高度，直着脖子硬生生地闯进去，被磕疼的不是门框，而是自己的脑袋。

我国古代时就有“刚柔”之说。老子曾问他的学生：“你看我的牙齿还在吗？”学生看了看说：“不在了。”老子又问：“那么我的舌头还在吗？”学生想老师一定是老糊涂了，舌头岂有不在之理！于是他说：“老师的舌头还在。”老子笑笑：“那你说说为什么舌头还在，但牙齿已经没有了呢？”这位学生还是极有慧根的，想了想就恍然大悟道：“老师是想告诉我们太过刚强的最容易消亡，而柔软的反倒能够存活下来吧。”老子颔首微笑。

过刚则易折，不仅仅是牙齿，连人也是这样。生活不总是一帆风顺，狂风暴雨来临时就要学会躲闪，不肯躲雨的多半会伤了自己的身体。而身体是革命的本钱，本钱亏了则万念皆空。

尊严固然重要，但说到底也要拿捏得准才好。我们都听说过关于韩信的故事：

韩信在少年时常身带佩剑行走于乡里之间，有无赖见到了就对他说：“你整天带着剑做什么？要杀人么？你要是杀人，就先杀了我好了。”韩信本不去理会，但那无赖愈演愈烈：“你要是不敢杀我，就从我胯下钻过去吧。”来围观的人很多，大家七嘴八舌地看着热闹，都认为韩信会杀了无赖，然而出人意料的是，韩信放下剑，很平静地从无赖胯下钻了过去，毫不在意地走了。

现在我们会猜想，当时围观的人们一定都认为韩信是个绝对不用怀疑的懦夫，连这样一个无赖都不敢杀，还能干出什么大事来呢！然而，历史告诉我们，韩信当年的行为使他成为了一个伟大的人物！他能够认清形势，敢于承认自己所处的劣势，勇敢地面对突如其来的侮辱和嘲讽。胯下之辱的容忍与否，就是一道划清勇士和莽夫的分水岭。

真正的勇士，不在意一毫一末的得失，不在表面上做文章。他们能够看得清现状，能够认清现实的门有多高，水有多深，所以他们更懂得保护自己，蓄存能量，他们能够把自己放得很低，看得很小，在常人眼中他们就是一条不起眼的小虫子，但他们心里积蓄着能量，时刻准备着，等待时机成熟之时爆发，令天地都为之一震。

学会适时低头并不是对尊严的折杀，而是命运的转折点，是一种韬光养晦的智慧，是一种遁世的态度。如果一个人因为低头便觉尊严扫地，那么他本身就是不自信的，此类人多为血性极强的鲁莽之辈，见到不平就拔刀而起，从来不顾环境是多么险恶，先战他三百回合再说，而最终受伤的也往往是他们自己。

很多年轻人都血气方刚。且不说有多么坚贞的理想和信念，单是从小的独生子女的生存环境就令他们养成极易冲动的个性。社会上的摩擦是难免的，人们都不知道汹涌的潮水什么时候会拍上岸来，所以多数人都盲目且乐观，认为自己就是生于天地间的一位独行勇士，任何灾难来临之时，都能用一声怒吼来平息。他们不懂得躲避，不知道暂时的躲避是人生的缓兵之计，人生就应当张弛有度，弯腰是为了跳的更远。所以，勇气可嘉的他们总是在风浪面前败下阵来，这样的失败与勇气和智力都无关，只与人生处事的态度有关。

曾在杂志上看到这样一个故事:一家服装店里的一名服务员不小心踩到了一位客人的脚,那位客人得理不饶人地嚷着,叫服务员给他擦鞋,服务员觉得委屈,始终不肯蹲下来。两人就这样僵持着、争吵着,最后惊动了老板,老板弄清楚事情原委后平静地蹲下身来,替服务员给客人把鞋擦干净。

看完这则故事大家可能会说老板实在太过卑微,踩人家脚固然有错,但错不在老板而在服务员,但服务员已经道歉,客人还是纠缠就说明这位客人实在是不通情理,这样不通情理的人就应当一顿乱棍打出,何苦受他的窝囊气呢!然而,事情却并不是想象中这样简单:客人在店里受到不礼貌的待遇,他一定会把这件事宣扬得全世界都知道,那么这家店的名声也会直转而下,况且客人在向别人叙述这件事时还会添油加醋,把因为自己蛮不讲理而引发的事端隐藏起来,总之所有的不利因素都倒向店铺这边。这样一来,店铺的生意就难免受到冲击。商人向来以利益为重,这样结果当然是他不愿意看到的。所以,与其在生意上受损,还不如主动降低自己身份去满足客人的要求。

人们尽管拥有主观能动性的优势作用,却也难以摆脱客观条件的束缚,这样的情况就注定人生的航船不可能永远都航行于宽阔平稳的江面上,也会有很多时候被夹在阴暗狭窄的阴沟里,正如前面我们说过的,人生不可能永远的晴朗,也会有暴风雨相伴,这个时候我们要做的就是找个安全处避雨,不要嫌弃遮雨的屋顶太低,你完全可以低下头,以一种谦卑的姿态面向世界。世界的形象,很有可能因为你低下了头而改变。

第 7 章

沉住气，忍时局，人在屋檐下一定要低头

柏拉图曾说，耐心是一切聪明才智的基础。忍耐是审时度势的策略，更是其后做出的一种明智选择。忍耐的人总是品尝先苦后甜的味道，而不是在一时的舒心后无尽悔恨和肆意地挥霍人生；以忍耐的状态看待自己，对待他人，潜蓄力量，才可以不断蓄势待发，面对人际关系和事业上的不如意，多忍耐一些，才会有人生的丰收。

用长久的忍耐换来一生成就

每个年轻人都懂得成功需要忍耐，机会需要等待的道理，然而放到自己身上真正地实施起来，却不是那般的顺利。困难太多，阻碍太多，真正能够忍耐一时痛苦的人，到最后一定能够享受到丰硕而甜美的果实。

但忍耐也需要智慧，一味地忍耐而不去做任何改变现状的努力，那是懦弱的表现。明智的人会让自己的每个行动都变得有价值。

曾听一位教授讲过这样一位毕业生的经历：

这一年，约瑟夫从大学毕业，他决定在纽约扎根并做出一番事业来。他的专业是建筑设计，本来毕业时是和一家著名的建筑设计院签了工作意向的，但由于那家设计院在外地，约瑟夫未经考虑就决定不去。如果去了，他会受到系统的专业训练和锻炼，并将一直沿着建筑设计的路子走下去。可是一想到会几十年在一个不变的环境里工作，或许再怎么忍耐也永远没有出头之日，这点让约瑟夫彻底断了去那里工作的念头。

他在纽约找了几家建筑公司，大公司不要刚出校门没有经验的毕业生，小公司约瑟夫又看不上。无奈只好转行，到一家贸易公司做市场。一段时间后，由于业绩得不到提高，身心疲惫的约瑟夫对工作产生了厌倦情绪。但心高气傲的他觉得如果自己单干肯定会更好，于是他联系了几个朋友一起做建材生意。本以为自己是“专业人士”，做建材生意有优势，可是建筑设计与建材销售毕竟是两码事。不到一年，生意亏本了，朋友们也因利益关系闹得不欢而散。

无奈之下的约瑟夫只好再换工作，挣钱还债。由于对工作环境不满意，几年下来，他又先后换了几次工作，约瑟夫对前途彻底失去了信心。现在专业知识已忘得差不多了，由于没有实践经验，再想做几乎是不可能了。约瑟夫虽然工作经历丰富，跨了好几个行业，可是没有一段经历能称得上成功。现实的残酷使约瑟夫陷入很尴尬的境地，这是他当初无论如何也没想到的。

对于像约瑟夫一样刚出校门的年轻人来说，脚踏实地积累一些工作经验才是最重要的事情，没有人一生下来就能够成就一番事业，也很少有人能够一毕业就坐上自己理想的位置，“这山望着那山高”的年轻人到头来可能是哪座山都不能爬到顶峰。命运对每个人都是公平的，你今天的选择将决定未来的方向，你今天的忍耐可以换来某方面工作的深入和成功，同时，你的放弃也能够换得未来的驳杂而不精专。当你在慨叹某个技术工人的高薪时，不要忘记：专一门比通十门更重要。

年轻人要记住：坚忍是成功的一大因素，只有在门上敲得够响够久，够大声，你才吸引成功的关注。少做多得，少劳多获是每个人都想采取的行动策略。在聪明人看来，一点点的行动就能换来巨大的收益，短期的努力能换来长久的安逸和享受，这是再好不过的投资。有付出才有回报的箴言不管在任何时代都不会褪色，不管是以巧取胜还好以力求成，不管是脑力劳动者，还是体力劳动者，每个人收获的回报，都需要在付出的过程中加入忍耐的力量。

正所谓：鱼和熊掌不可兼得。年轻人做事想要长久地省力就需要良久地忍耐，忍耐付出更多的心力，想要不再受苦就要在那之前吃更多的苦。把目光放长远一些，多一些忍耐，就一定可以看到成功的到来。

前人告诉我们，忍耐不是忍受，忍耐为了让生活过得更好而作出的权宜之策，忍耐是为了在积聚够能量之后，在某个时间能够鲤跃龙门。年轻人把你的智慧融入生活中的每件事中，学会付出与忍耐，让忍耐更加有意义有价值，获得更多的回报和收益，让你的生活因为忍耐而有个质的变化，忍耐一时而成就终身！

年轻人切忌鼠目寸光

人活于世，无非是想过好一点的生活，看看世间的美好，体会人间的真情。年轻人从学校走出来，在社会上打拼、竞争，也想要取得更大的成绩，获得更多的利益。不同的人都为了利益用尽手段，有些人机关算尽，只为了眼前利益，最终却以失败收场。有些人眼光长远，不为眼前小利所迷惑，成就了自己辉煌的人生。年轻人，在你还没有完全选定自己人生之路的时候，是不是应该及时反省一下，你到底要走哪一条路呢？

从前，有两个饥饿的人得到了一位长者的恩赐：一根渔竿和一篓鲜活硕大的鱼。其中，一个人要了一篓鱼，另一个人要了一根渔竿，于是他们分道扬镳了。得到鱼的人原地就用干柴搭起篝火煮起了鱼，他狼吞虎咽，还没有品出鲜鱼的肉香，转瞬间，连鱼带汤就被他吃了个精光。不久，他便饿死在空空的鱼篓旁。另一个人则提着渔竿继续忍饥挨饿，一步步艰难地向海边走去，可当他已经看到不远处那片蔚蓝色的海洋时，他浑身的最后一点力气也使完了，他也只能眼巴巴地带着无尽的遗憾撒手人间。

又有两个饥饿的人，他们同样得到了长者恩赐的一根渔竿和一篓鱼。只是他们并没有各奔东西，而是商定共同去找寻大海，他俩每次只煮一条鱼，他们经过遥远的跋涉，来到了海边，从此，两人开始了捕鱼为生的日子。几年后，他们盖起了房子，有了各自的家庭、子女，有了自己建造的渔船，过上了幸福的生活。

一个只顾眼前利益的人，就像被饿死的那两个人，就算有足够的食物，也会有坐吃山空的一天，就算有最好的工具，不能维持自己的生命，也是徒劳。年轻人要向另外两个互相合作的渔人学习，眼光要看得长远，在找到大海之前，忍受吃不饱的困苦，却坚持到获得胜利的果实。也只有这样的人，才能够做到不为小利所惑，能够把理想和现实结合起来，才有可能成为一个成功的人。

古人说“酒香不怕巷子深”，为什么古人敢于说出这样的话，而现代人却说“酒香也怕巷子深”？追其究竟，根本原因还是现代人缺少了古代人的耐心。大家都知道，好酒是需要时间酿制的，越是陈年的酒味道越好，所谓“陈年佳酿”正是如此。要酿造出香气四溢的美酒肯定不是一朝一夕的功夫，“不经一番寒彻骨，哪得梅花扑鼻香”，没有漫长的等待和长久的忍耐，怎能取得丰硕的成果？所以说好东西还需要时间的积累和岁月的沉淀。

古老的神话中说，我们脚下的整个大地都是由几只硕大无比的乌龟背负起来的，大家也都知道，乌龟是动物界的老寿星，它虽然动作缓慢，却有持久的忍耐力，即使是最凶恶的老虎、狮子，也对乌龟无处下口。靠着自己顽强的毅力与持久的努力，行动缓慢的乌龟，竟然赢了身形灵敏的兔子，在龟兔赛跑中获得胜利。

年轻人要有乌龟的耐性，要学习乌龟的韧劲，如果你具有了忍者神龟一般的忍耐力，一定可以达成自己的梦想，完成别人所不能完成的事。现在社会的年轻人，面对激烈的竞争和强大的就业压力，更应该规划好自己的人生，一味地追求梦想很显然是不现实的，因为人必须要活着才有能力去实现梦想，在梦想与现实发生冲突的时候，一定要好好想一想，把眼前利益与长远利益相结合，充分做好忍耐黎明前黑暗的准备。

忍耐力不是天生就有的，年轻人可以在工作生活中有意识地培养自己耐心和克服困难的能力。做事要有规划，养成良好的习惯，让强大的忍耐力和长远的眼光成为走向成功的催化剂！

在忍耐中寻找机会

对于年轻人来说，生活就如一场马拉松比赛，路程很长，终点很远，这一路之上所要面对的挑战、阻碍是不可预料的。在体力、精神的双重压力下，你是否能够忍耐住，坚持下来，不在关键的时刻被击垮，不在最后一刻前功尽弃，决定着你的未来是否会成功。

对于饱经沧桑的人来说，忍耐是生存的技能，是成大事不可缺少的因素。我们要生存，就必须学会忍耐，在忍耐中蓄积力量，在忍耐中磨炼锐气，在忍耐中寻觅机会。而对于年轻人来说，如何在忍耐中寻找机会，如何在夹缝中求生存，如何让自己在困境中，在必须忍耐的时候继续完善自己，以待成功机会的来临，这些都是一个初入社会的年轻人所应该了解的。

村子里的一户人家新买了一头小毛驴，这头毛驴又小又瘦，没有多大的利用价值。主人不重视它，就把它放在一个又脏又破的马厩里。主人家里还有一匹黑马，这匹黑马雄壮有力，曾经为主人出过不少力，所以主人十分宠爱它。可谁知，这匹黑马竟然因为有大功在身且仗着主人的宠爱渐渐增长了不少坏脾气，不仅时常欺负小毛驴，在干活时，它还经常尥蹶子，主人已经年老力衰，没有办法再驯服它了。

仗着一身力气以及自己在主人家的地位，这匹黑马更加肆无忌惮地欺负起那头新来的、瘦弱的小毛驴。小毛驴总是忍着不反抗，因为它知道，即使自己拼了命去反抗，那也无济于事，自己与对方的力量相差得太悬殊了，简直就没有可比性。可是，小毛驴并不甘心一直受黑马的欺负，所以它准备等到自己实力强大，时机成熟之时，再好好对付那批大黑马。

就这样，过了一年，机会终于来临了！主人从外地运来很多棉花，可是正赶上天降大雨，所以必须要迅速把这些棉花运到镇子上的仓库里，黑马和小毛驴都被牵到棉花堆旁准备搬运。看着眼前的一大堆棉花，黑马不屑一顾地对小毛驴说："就凭你还敢来这里张罗，我真担心你的小细腰被压断了。"小毛驴笑了笑对黑马说："不见得谁更能坚持到最后呢？"听到小毛驴这么说，黑马生气极了，他说："看来你还有点不服气，要不然，今天咱们俩比试比试！"最后它们决定以最后运到仓库的棉花包数量来论输赢。

比赛开始了，黑马驮着一大包棉花健步向门外冲去，可是雨大路湿滑，没走多远，棉花就被雨水打湿了，而且路面泥泞，根本就没法快跑。而小毛驴则不紧不慢地驮上一包棉花，并在棉花包上盖了一层油布，它一直稳稳地走着，终于把一包包棉花完好无损地送到了仓库。而黑马呢，因为求胜心切，它背的棉花太多，而且跑得又快，结果脚底打滑跌进了泥坑里，等它好不容易到达仓库的时候，棉花又湿又泥，根本就不能用了。

最终的结果是，黑马不仅在比赛中输给了小毛驴，而且因为它让主人损失了很多棉花，所以主人十分生气，下决心要将它卖掉。最后，小毛驴成了主人家里的得力干将，而黑马则不知去向。

在现实生活中，很多年轻人也像那头小毛驴一样，不但没有经验，更没有实力。在竞争或与人产生矛盾时，更应该懂得迂回忍耐、巧妙地保存和增强自己的实力，不拿手中的鸡蛋去碰坚硬的石头，不去重蹈落得惨败下场的覆辙。

对于实力较弱的年轻人来说，暂时的忍耐是一种明智的选择。我们常说"小不忍则乱大谋。"处于这种境地，意味着你必须在忍耐中保存实力，寻找机会。年轻人要学会看淡过去忍耐之时的痛苦，希冀成功后的喜悦。他们相信，人生没有过不去的坎，遇到不顺利的事情，忍辱负重，也是一种智慧。如果无法改变现状，我们就需要暂时忍耐，等待时机成熟之时的突破。

运筹帷幄决胜千里

每个年轻人在社会上打拼，都希望可以实现自己的理想，建立自己的事业。但成功不是你想拥有就能够拥有的，但凡成就非凡的人，都是善于谋划、精于策略，能够出奇制胜的，作为新时代的年轻人，想要转败为胜、以弱胜强、以少胜多，还需要向这些成功者和先人学习运筹帷幄的本领。

刘邦曾经对臣子说“运筹于帷幄之中，决胜于千里之外”，可见运筹帷幄对制胜而言是非常重要的。中国古代兵法也说，“上兵伐谋，其次伐交，其次伐兵，其下攻城”，又讲“不战而屈人之兵”，所有这些都宣示了谋略才是化解矛盾的大智慧。

年轻人要成就一番事业，首先要从保证自己的生活开始，从小处入手，着眼于一生。人生要有谋划，没有谋划的人生不清晰，没有愿景，也没有为之奋斗的乐趣；事业要有谋划，没有谋划的事业不会取得成功，事业的成就是人生每个时期的阶段性目标的总和，没有谋划，做一天和尚撞一天钟，这样的人终究做不成大事；学习要有谋划，学习不是为了拿到所谓的文凭，而是要提高自己的素质和能力，学习是一辈子的事情，活到老学到老，但不能盲目，要有谋划，学以致用才是学习的根本。

有一次，爱德华先生为了赞助一名童军参加在欧洲举办的世界童军大会，急需筹措一笔资金，于是就前往当时美国一家数一数二的大公司拜会其董事长，希望能说服他解囊相助。

爱德华在拜会他之前，听说他收藏了一幅米开朗琪罗的作品，曾经为这幅画花费1000万美元，后来他把这幅画装裱起来，视为珍宝，挂在自己的书房中，非常爱惜。

所以爱德华一走进董事长的办公室，就向他询问此事，要求参观一下他装裱的这幅文艺复兴时期的伟大作品。爱德华告诉董事长，他从来没听说过谁肯为一幅艺术品支付这么高额的费用，很想见识一下，回去说给小童军听，让他们增加对于艺术的兴趣。

董事长毫不犹豫地答应了，并将这幅作品的精华之处一一说给爱德华听。董事长越说越有兴致，从文艺复兴讲到油画艺术，滔滔不绝。过了很长一段时间，他看着听得入神的爱德华说："很抱歉，忘了问你找我有什么事情吗？"

这时爱德华才一五一十地说明来意，出乎他的意料，这位董事长不仅答应了爱德华的请求，还同意增加赞助以扩大世界童军大会的影响，并且答应亲自出席，负责大会的日常开销，还写了几封亲笔信，寄往欧洲的几大兄弟公司，请他们提供所需的一切服务。

爱德华先生满载而归。

爱德华的行为无疑是一种运筹帷幄的策略，在董事长滔滔不绝地说起油画艺术时，爱德华耐心地倾听着，直到董事长自己想起来才说出自己的来意。耐心地倾听别人谈论自己感兴趣的事，对于爱好者来说是一件非常荣耀和愉快的事情，结果起到了开门见山不能起到的作用。谋略人生，使有限的生命安排得既充实又辉煌，生命的长度虽然不能决定，但生命的厚度却可自己做主。如何加深自己的生命的厚度呢？这就要详细地谋划。为人生制订计划，并踏踏实实地履行这个计划。

年轻人要顺利地度过一生，就要从生命的长度去考虑，为整个人生做一谋划。谋略是人生的大智慧，是谋划事业，是积极地改善自我，是做好一切准备迎接成功的到来。这就好比打篮球，篮筐是成功的目标，而准备就是起跳投篮的过程，目标明确了，关键就看你起跳投篮是不是完成得优美了。机遇偏爱那些有准备的头脑。机遇是谋略之中可预料的某种境遇，只有事先对机遇有充分的预测和准备，才可能收获机遇带来的惊喜。

每个年轻人都想成功，而真正能够成功的，只有那些懂得耐心等待，懂得运筹帷幄的人。凡事预则立，不预则废。“预”就是做事前要有谋略，做好准备，考虑周全。做事情讲谋略就不会陷入纷扰的境地，遇到紧急的情况也会沉着自定，所谓“山人自有妙计”。年轻人要做好一切准备，把事情可能出现的各种情况以及应对之策了然于胸，只待静观其变，便可稳操胜券。

脚踏实地，等待成功

很多年轻人的内心中都有一个非常远大的目标，不说拯救世界，不说成为世界首富，至少在自己的圈子中应该是被人羡慕的，经常被人称赞的。然而想要做到这一点十分不易，需要年轻人有耐心、有恒心、脚踏实地等待成功的到来。

年轻人有了远大的目标，就要努力向着目标奋斗，时刻不忘鞭策自己。同时，看清自己现在的处境，根据变化来随时调整自己的方法，这样有助于你发挥潜能，分清轻重缓急，合理地对每一个阶段进行规划。在白手起家的创业之路上未雨绸缪、脚踏实地，你才能逐步向目标靠近。

温州商人王鹏，16岁闯关东，白手起家，当时他的目标就是成为关东最大的眼镜公司。如今他创办的吉林王鹏眼镜公司是吉林省最大的眼镜连锁机构，并建立了多店连锁、局域电脑网络销售为一体的销售体系。

他今日的成就就是靠以少聚多、点滴积累而成。1979 年，他刚开始是摆地摊的，历经四年的艰辛磨练，尝够了白天当老板、晚上睡地板的辛酸，才开了一家正规眼镜店，由此踏上快速发展的轨道。

就如评论家说得那样，每一部创业史都是一部辛酸史，每一位创业者都历经千辛万苦，尝尽人间酸甜苦辣。面对挫折时，王鹏创业的远大目标激励着他愈挫愈坚，使他始终保持一种昂扬向上的精神状态，不达目的誓不罢休，从而最终建成了自己的眼镜王国。

王鹏是很多年轻的创业者的榜样，他用亲身经历告诉了每一个年轻人，想要成功，必须要脚踏实地，一步一个脚印地走好每一步，并且要能够忍受成功之前的贫穷、痛苦、煎熬和一切挫折。

对于想要白手起家、创立事业的年轻人来说，远大的目标如同生活必需的空气和水一样重要而不可缺少。因此要用高瞻远瞩的眼光来制定长远目标，目标愈高远，人生进步愈大。在确定远大目标时，可以不用事无巨细样样考虑，但方向、目的要明确，要有具体的、尽可能量化的评价标准，在事业成功、个人发展、专业技术、经济状况、人脉交往等方面要有明确的计划和实现途径，在这个过程中还要具备可操作性。

李书福出生于浙江省台州市路桥区。他大学毕业后开始白手起家，而他的目标竟然是造汽车。从没造过汽车的他，刚一跨入中国汽车界的门槛便在业内掀起了滔天巨浪，接连引爆降价风潮，让中国的普通老百姓得到甜头。他以民营企业家特有的朴实和苦干，打破了中国汽车工业多年来由国企铸成的铜墙铁壁。他的外号很多，“汽车大炮”、“汽车疯子”，不一而足，但他一直有一套自己的理论——简简单单造汽车。目标虽远大，但他善于脚踏实地地执行，把目标简简单单、可操作性强地摆在面前。他制造的第一辆车是在1998年8月8日下线的。而开始动工的时候是1997年。他说造汽车其实并不复杂：四个轮子，一个方向盘，一个发动机，一个车壳，里面两个沙发。他觉得简单地讲就是这样，当然，也可以复杂地讲它，什么动力系统、转向系统、自动系统……但他认为要把复杂的东西简单化，把远大的目标具体化，才能好好去研究、分析，神秘化解决不了任何问题。

李书福就是因为脚踏实地，肯于坚持，在困难中忍耐着，始终向着自己远大的目标前进，最终才成就了自己辉煌的人生。正如他自己所说："虽然道路非常坎坷曲折，但是我们抱着一种必胜的信念，继续艰难地向前爬。"

在我们的现实生活中，许多年轻人都曾经有过伟大的抱负和梦想，可是，那些遥远的未来，往往只能为他们带来白手起家初期的精神上的快慰与欢娱。往往，他们没有用脚踏实地的坚决和行动来落实自己心中的目标，从而总觉得那个目标太远、太大、太难以实现，最终，竟放弃了目标和信仰，放弃了努力和方向，就这样浑浑噩噩，碌碌无为地度过一生。所以年轻人打拼一定要脚踏实地从实际出发，不能好高骛远，有多大的能耐就定多大的目标，选定了目标，就要矢志不渝地向着目标前进。

年轻人创意就如同盖楼，你要盖多少层的楼必须事先规划好，不能说一边盖一边再想要盖多少层；而且万丈高楼平地起，打地基非常重要，每一层的坚固也非常重要，一砖一瓦都要结结实实地起到支撑作用，建筑才能高耸入云。同样，只有那些拥有远大目标，脚踏实地实行的年轻人才会像勇猛的犀牛一般朝着一个目标义无反顾地向前冲，进而推开成功的大门！

以退为进，当退则退

俗话说得好:忍一时风平浪静，退一步海阔天空。很多年轻人，从有了自己思想的时候，便开始拥有自己的梦想，而年轻人的一生，也将是实现抱负的一生。人生成败得失，七分在努力，三分在于命运。虽然我们力求一路顺风地驶向人生的终点，但人生之路不会是一马平川，坎坷和曲折在所难免，谁都不能逃脱。年轻人要成就自己的人生，只能按照人生的脚步随时调整自己的速度，即便是走到了路的尽头，以为再也无路可走时，你还可以选择后退几步，然后转个弯，这何尝不是一种人生的智慧呢?

朱棣是明太祖朱元璋众多儿子中的一个。起初他并不起眼，在众多的皇子中也不受宠爱。按照明朝的正统习惯，太子是继承皇位的第一人选，因太子朱标已死，朱元璋死后，皇太孙即位，是为建文帝。

当时的朱棣身为藩王，他和其他兄弟一起分封各地，拥有重兵，对朝廷暗藏谋反之心。建文帝察觉自己的皇权受到严重威胁，于是就开始削藩，以各种名义杀死了很多亲王。

朱棣发现建文帝的心思后，并没有立即谋反，也没有联合其他藩王采取什么过激的行为反抗。他深知自己的实力尚单薄，成大事的时机尚未成熟。忍一忍，是最明智的选择。

于是，他暗地里悄悄操练兵马。但此消息不久便传到朝廷，建文帝要缉拿朱棣，但朱棣知道此时与建文帝对抗，仍没有丝毫取胜的把握。所以，朱棣开始装疯，在街上大喊大叫，不知所云。建文帝得知，派谢贵等人查看虚实，当时正值盛夏时节，烈日炎炎，酷热难耐，谢贵等人见朱棣坐在火炉旁，身穿羊皮袄，还冻得瑟瑟发抖，连声呼冷。与他交谈时，朱棣更是满口胡言，让人不知所以。谢贵把情况告诉了建文帝，之后建文帝放弃了对付朱棣的想法。然而，朱棣靠装疯赢得了时间，靠忍耐取得了胜利，最终发动了叛乱，打败了建文帝，登上了皇位。

朱棣靠装疯卖傻在混乱的时局中保住了自己一条性命，并在不久之后顺利登上了皇位。这种忍耐和智慧不禁让人赞叹。任何成大事的人都不会只看到眼前的利益，逞一时的英雄算不得什么，可贵的是在夹缝中依然能坚强的生存。忍耐是人生存保全的法宝，是人穿梭在夹缝中的利器。饱受忍耐历练的人，会将所有的磨难、困苦变成自己一飞冲天的资本。

年轻人在社会上打拼，切不可急切冒进，一味猛冲，却不懂窥探时局，适当隐忍。当然，遇难就退，也是万万行不通的。古人讲，逆水行舟，不进则退。奋斗是年轻人生命中最重要的主题，但是一味地退，你就只能站在原点，像一个懦夫在别人成功的欢笑声中碌碌无为。

忍耐不是懦弱的表现，而是以韬光养晦的姿态保全自己，伺机而动；忍耐不是无所作为，而是为了有所作为而积蓄力量。那些受不了逆境的折磨，在夹缝中无法安身的人，在一味气馁，一退再退之后，人生的境界并未开阔，只会无有所成。

朱棣这种当退则退的智慧是每一个年轻人都应该学习的。年轻人想要牢牢把握自己的命运，在人生剧烈的起伏来临时，不妨先退后一步，让过动荡的风口浪尖，这也正是留得青山在，何怕无柴烧。当进则进，当退则退，知进知退，才是做人处世的大境界、大智慧，也是保全自我，以便东山再起，卷土重来的大智慧。

“吃亏”是为未来积攒福气

对于年轻人而言,生命的路途是遥远而又曲折的,其中布满了密密的岔路口,一不小心就可能走到另外一条人生路上。在这无数个岔路口之中,你可能会遇到形形色色的人,大大小小的事,可能幸运地搭乘一段顺风车,也可能被人陷害,吃个大亏,而此时的亏,究竟该吃还是该躲呢?前人总是告诫我们“吃亏是福”,“贪小便宜吃大亏”,因此偶尔的吃亏未必是坏事,有时候暂时的吃亏很可能为未来积攒不少福气。

赵明是一名司机。每天工作起早贪黑,十分辛苦。同为司机班的一群同事们,总是抱怨生活,他们认为自己每天奔波运输,很累很辛苦,还总是质问为什么别人的工作轻松自在,自己却辛苦劳累。于是,他们在休息的时间里,总是以打牌或去卡拉OK打发时间,抒发愤懑。唯有赵明不与他们为伍,他每天都快乐地完成自己的工作,并在开车时听国际英语电台。下班后认真把车擦洗干净以后,就趁休息时间,拿着中学英语课本、《新概念英语》苦读,并经常找其他部门英语好的同事请教,几年下来,他的英语已经达到了相当不错的水平。接下来,他提出了辞职,去隔壁一家港资公司做了对外联络员。

许多初入社会的年轻人和赵明一样,每天起早贪黑的工作,没有多少休息和娱乐的时间,而不同的是,大多数人把休息时间用来消遣、放松,吃喝玩乐,可是赵明却充分地利用每一分钟,努力提升自己。乍一看,好像是赵明失去了很多乐趣,没有把握住大好的时光去享受生活,然而细细品味就可以知道,这种表面的吃亏,实际上是为赵明将来的美好生活带来了好福气。在赵明跳槽到港资公司做对外联络员之后，不仅工资会大大提升，所见的世面，所接触的人以及未来可能遇到的机会都要比以前多很多。想必在赵明拥有了自己事业的后，在他可以悠闲地享受前期付出带来的成果的时候，他曾经的同事，还是要为每天的生活而苦苦工作，把大多数时间浪费在车上、路上。

赵明的经历告诉我们一个事实，适时的“吃亏”是一种投资，未来的改变正来源于此。赵明的成功，正是他长期自我投资的结果，他用实际行动告诉了同事们，不用再羡慕别人轻松、舒适的工作了，适当的投资自己，你也可以改变生活。

其实在历史上，早已经有先人了解了这个道理，并用实际行动为现在的年轻人作出了榜样。

李世民当了皇帝后，长孙氏被册封为皇后。当了皇后，地位变了，她也考虑得更多了。她深知作为“国母”，其行为举止对皇上的影响相当大。因此，她处处注意约束自己，处处做嫔妃们的典范，从不把事情做过头。她不尚奢侈，吃穿用度，除了宫中按例发放的，不再有什么要求。她的儿子承乾被立为太子，有好几次，太子的乳母向她反映，东宫供应的东西太少，不够用，希望能增加一些。她从不把资财任情挥霍，从不搞特殊化，对东宫的要求坚决不答应。她说：“做太子最发愁的是德不立，名不扬，哪能光想着宫中缺什么东西呢?”她不干预朝中政事，尤其害怕她的亲戚以她的名义结成团伙，威胁李唐王朝的安全。李世民很敬重她，朝中赏罚大臣的事常跟她商量，但她从不表态，从不把自己看得特别重要。皇上要委她哥哥以重任，她坚决不同意。李世民不听，让长孙皇后的哥哥长孙无忌做了吏部尚书，皇后派人做哥哥工作，让他上书辞职。李世民不得已，便答应授长孙无忌为开府仪同三司，皇后这才放了心。此后的朝政官任中，长孙无忌也经常受到皇后的教导,成为一代忠良。

长孙皇后的种种行为,在外人眼中看似吃亏,她作为一国之母,却不争吃穿用度,以致东宫物质缺乏。她身为皇后,自己的哥哥要做官,她还进行劝阻,这种不惜让自己和亲人吃亏的行为,不但没有让她过得不好,反而因为维护了当朝的制度和公平,换来了世人的敬仰爱戴和皇帝的信任,她也用自己的行动感染了周围的人,最终名留青史,为后人所景仰。

在生活中,许多年轻人因为害怕吃亏,害怕付出得不到回报,因而处处小心、谨慎,甚至裹足不前,这样就丧失了很多前行、进步的机会。而适时的"吃亏"也是一种对未来的投资,舍得"吃亏"才会收获美好的未来。因此,年轻人不妨告诫自己,经常为自己多做点"投资",多一点"吃亏",说不定这就是未来的福气,能为你的命运带来转机。

坚定信仰,笑看人生风浪

"登东山而小鲁,登泰山而小天下。"众所周知,这句话是《孟子》中记载孔子言行的一句。孔子晚年,众多有才华的弟子都已经死去,衰老的孔子登上鲁国的东山,环绕四围,便生出鲁国甚微的想法来。而当他登上有着"五岳独尊"的泰山之时,顿时神清气爽,心思飞扬,此时变小的不仅仅是一个鲁国,而是整个天下了。我们都知道,孔子一生都致力于宣传他的"仁政"学说,为了阻止无边无际的春秋不义之战,孔子拖着老迈的身躯奔驰在使命的路上,年年岁岁,暮暮朝朝。

孔子于残年之时仍不忘记自己的信仰,为了自己的思想成为君主治国的良方而四处呼告,然而却又处处碰壁。可悲可叹更为可敬!用我们今天的话讲，孔子堪称越挫越勇之辈，古人尚且如此，今人情何以堪！

我朋友的母亲经历过这样一件事情：有天早上她和同事去散步，走到一栋居民楼下时抬头说："这栋楼真是有年头了，看起来真是旧啊……"话没说完，就觉得从七楼飘下来一片什么东西，那东西飘得很快，最后"嘭"地落地。朋友的母亲和她同事都被吓了一跳，原来掉下来的是个女孩儿！女孩儿的父亲随即从楼上冲下来，木在那里，连报警都忘了。最后的结果便是，女孩儿坠楼身亡。究其原因，高考失败，男友也甩了她另寻新欢，两重打击加在一起，女孩儿心灰意冷地寻短见了。

风华正茂的年轻人又怎能因为些许挫折而摧眉折腰甚至一蹶不振呢？大好的青春年华从此变为蹉跎岁月！一点困难都不能承受，轻易地放弃了宝贵的生命。这样又怎么对得起生养你的父母，教导你的师长，对你寄予厚望的亲友呢！

与古人相比，当代青年人确实滋生了太多烦愁无奈：升学、考试、就业、结婚生子，接下来又是下一代的升学、考试……一代一代的问题毫无止境地侵袭而来，我们的生活似乎只剩下了愁苦和凄凉，那些青春岁月，那些好景绵长都好像只是出现在书本中的文字，是被人随意涂写出的空中楼阁，近在眼前却又远在天边。于是，初入社会的我们慌了：幸福如此遥远，人们把眼望穿都寻不到它的底线，就这样放弃了吧。于是，有人的脚步停了下来，心灰意冷地回到了起点。

的确，远方的路太过凄迷，常常伴随着风和雨，但只要前进就会有一线希望，停下来只会永远地留在原地叹息。

曹雪芹的《红楼梦》历经"披阅十载，增删五次"的艰辛后终成巨著；李时珍 27 岁决心写一部医药典籍，于是他开始跋山涉水、翻山越岭，多次在山中露宿，为了知道某种草药的性状竟然亲口去尝！度过了 29 年这样的日子后，他终于完成了心愿:《本草纲目》这部受世人瞩目的医药典籍横空出世,而它背后的心酸和艰难又谁人能解呢!假如他们都因为理想途中一点点挫折而停下脚步,那么理想最终不会成为现实,反而会变成脆弱的泡沫,破碎乃至消亡。

十年磨一剑。乍听起来觉得气势恢宏,可见一斑。然而又有多少人能够沉得住气,摒弃外面的繁华和喧嚣,低头磨剑呢!这个过程一定是极为艰苦的,就像孔子在穷经皓首之时仍然苦苦坚持着自己的信仰,推行着自己的学说。作为一代思想家,他自然知道春秋时期,法家学说占了绝对统治地位,然而他依然不甘心,这种不甘心正是他执著的体现,是他信仰的外化!他曾经说君子应当"外化而内不化",也就是说,一个人不论风云如何变幻,都应当坚定自己的信仰,有了坚定的信仰,才能在任何时候都看得到更远的未来,而这种更高更远的高屋建瓴之态势,才决定了这个人不会被眼前的小利所诱惑,小难所击倒,才能做到真正的宠辱不惊,去留无意!这样人的思想已经超脱出狭隘圈子的束缚,翱翔于万里高空,为了理想而拼搏奋斗。

这种人是注定要成大才的。我们要做的也正是这种人。把每一次坎坷都看做上苍对我们的磨练,把每一次失败都看做人生给我们的馈赠,用辛酸的泪水浇灌出成功的花朵。我们在这样一条路上也会学的成熟和稳重。成熟,不是心的老去,而是眼泪打转时依然能够平静地微笑。这种平静是经历过风浪之后剥离出的人生精华,它使我们不会再轻易地自暴自弃,不会再轻易地动怒发火,在遇到事情时学会了平静地思考。

史铁生是不幸的,然而他凭借努力终于用笔撞开了一条出路。他也曾经在最艰难的时刻徘徊犹豫找不到希望,庆幸的是他始终没有自暴自弃,否则文坛将少了一颗耀眼的新星!"石门中的落日,寂静的光辉平铺的一刻,地上的每一个坎坷都被映照得灿烂",这是他《我与地坛》中的一句话,是一句多么好的人生诠释。假若我们有天达到了这样的高度,回首来时路时,也许也会微微一笑吧,苦涩如烟,悲伤散尽,一场人生故事被演绎得幸福无边。

超越痛苦,相信生命的力量

年幼时看电视剧中人物对白,其中记忆最深刻的一句就是:“留得青山在,不怕没柴烧,咱们走着瞧!”这句话出现的场景往往是不和谐的:两人相争,终有一人成王,一人成寇,这时失败者会以不甘心的语气说出上面的话,眼神里满是愤恨和不甘。长大后才体味出来,这其中也是夹杂了很多痛苦成分的,付出的努力并不比别人少,也一样的流血流汗,最后却依然败给了对手,败给了命运,细想起来,这是多么令人难过的一件事!而人生的境遇却也大多如此!

也许是造物主的别出心裁吧,没有人的一生永远在玫瑰花丛中穿行,追求理想和幸福的道路上,布满了坎坷和荆棘,稍有不慎,便被尖利的刺划得头破血流。有人开始叹息沮丧了,伤痕累累地坐下来,颓废地望着远方的路,信心已经被耗尽,生命的火光最终黯淡下来。而他的同伴却不肯罢休,稍作休息后重整旗鼓,继续向着梦中的地方飞奔而去,虽然他此时也是看不到曙光和希望,但他知道,生命的本身就是一个奇迹,只要活下去就会有希望来临!

当今社会的高速发展使得人类社会的机遇和挑战明显增多。老一辈人的奋斗历程已经交由新一代人继续谱写。这些初入社会的年轻人,一开始总是有着燃烧不尽的能量,他们能够信心百倍地投入到自己的工作、事业中去,并且希望在不远的将来会有美丽的果实作为人生的回报。然而事业的缔造途中总会有太多的不幸和意外。人们措手不及，被打击得晕头转向。有人不停地流泪抱怨：为什么受伤的总是我？其实不然，你只是看到自己的痛苦，别人的伤痛也许比你大千倍万倍，而别人为什么依然平和泰然？这就是心态的重要性。两个人从监狱的窗户同时向外看，一个人看到了烂泥，而另一个人却看到了星星。于是，看到星星的那个人乐观坚强地活了先来，而看到烂泥的那位，生命的果实早早地凋谢在了枝头。

不要抱怨自己为什么总是失败，命运赋予我们的日子总会有许多曲折，在风雨如晦的岁月里，人们要坚守的不仅仅是理想，更重要的还有生命！生命，才是一切的起点和基础。

二战时期，很多犹太人被囚禁在了奥斯维辛集中营里，那是一个可怕的人间地狱，每天都有无数鲜活的生命被推进毒气室里，更可怕的是二战结束时苏联红军解放这座魔窟时，从里面搜出了数百吨的人皮、人油和人发，令在场所有人毛骨悚然！在那样朝不保夕的日子里，很多人都在担惊受怕中结束了自己的生命，然而还有更多的人选择艰难地活下来！他们明白，在那种环境里，死亡固然可以看成是一种解脱，然而死去的人身上是不会发生任何奇迹的，奇迹只会发生在勇敢活下来的人身上！纳粹当年灭绝种族的屠杀并没有摧毁犹太人的意志，聪明坚韧的他们在逆境中保持着乐观的心态，以至于今天，以色列依然是一个了不起的国度！

生命对每个人来说都是重要的，对于这仅有的生命该怎样度过呢？这是保尔柯察金经思考过的命题。守护生命就如守护黑夜里的一颗火种，火种即便微小，只要存在下去，终有一天会星火燎原的。生命也是如此，不要害怕泥沼中的黑暗和泥泞，只要坚韧地活下去，命运总有一天会开出幸福的花朵。

曾经有位同学对我讲他母亲同事的悲惨遭遇：三十几岁的时候，丈夫醉酒回家，神志不清地口渴找水时误将一瓶厕所清洁剂喝了进去，而那清洁剂的成分是高浓度的硝酸，当时家里正无人，最后发现时惨剧已经酿成了。三十几岁的她遭此劫难，难过得几乎想要自杀。然而仅存的理智阻止了她，她还有年迈的父母，年幼的儿子，还有一份工作等她去做，总而言之，一夜之间她成了家里的顶梁柱，她要用微薄的薪水养活一大家子人！悲伤之后，她终于擦干眼泪，依然每天打着精神去上班，照顾孩子和老人。慢慢地，她学会了调控自己的情绪：悲剧既然已经发生了，痛苦已于事无补，那么该过去的就让它过去，活着的人要好好地活着。几年前，她拿着自己的一些积蓄做了一个小买卖，也许是命运的垂怜，她的运气格外的好，一年之后，一家人欢喜地搬进了新买的楼房。就在这时，一位不错的男士进入了她的生活，他同情她的遭遇，同时也被她的坚强所感动，两人最终走到了一起，现在很幸福地生活在一起。

有人要说这位女士幸运，但我最想说的是她的坚韧。如果她在丈夫去世后一蹶不振，自轻生命，那么她后来的美好生活还从何而来呢？

如果你此时正在泥潭中挣扎，请不要害怕，阳光总在风雨之后，彩虹的微笑也总是在乌云散尽之时。没有谁的生命是毫无意义地来，又毫无理由地走。每一粒草籽都有它发芽的资本，而每一朵鲜花也都有盛开的理由。

古人说“青山不倒，绿水长流”，和开篇提到的话是一样的。人的生命就像一个数字 1，而他所有的优势就是后面的 0，只有 1 存在，后面的 0 才有意义；否则，它们只是一堆可笑的乱码。

第8章

沉住气，凡事要看远：留得青山在就不怕没柴烧

每个年轻人都想成功，而真正能够成功的，只有那些懂得耐心等待，懂得运筹帷幄的人。面对激烈的竞争和强大的就业压力，年轻人应该规划好自己的人生，一味地追求梦想是不现实的，因为人必须要活着才有能力去实现梦想，在梦想与现实发生冲突的时候，一定要好好想一想，把眼前利益与长远利益相结合，充分做好忍耐黎明前黑暗的准备。

年轻人要学会淡然处世

现代社会，过多标榜成功对于个人的重要性，太在意金钱对生活的影响，使得一些初入社会的年轻人对理想、工作、生活和金钱的选择感到十分纠结，在众多的压力下，太多的诱惑中，左右为难的年轻人痛苦不已，疲惫不堪。其实，人生可以有很多种选择，与其被名利所禁锢，痛苦地活着，为什么不选择淡然处世，享受生活本质的快乐呢？

淡然处世是一门生活的艺术，更是一种值得每个年轻人学习的人生智慧。生活中有褒有贬，有誉有毁，有荣有辱，这是人生的寻常际遇。年轻人只有看得透，放得下才能快乐地在世间生活。

约克镇大捷后，独立战争胜利在即。这时，建立什么样的美国这一重大问题突显在人们面前。1782 年，大陆军上校尼古拉给华盛顿写了一封长达七页的信。信中说："当今世界上，各大国无不实行君主制，而您'既有把我们从显然非人力所能克服的困难中引向胜利和荣誉的能力，又有应该得到并且已经得到军队普遍尊重和尊敬的品质'"，因此，您既能"在战争中引导人们走向胜利，同样应该在和平道路上领导大家顺利前进。"这意思就是美国君主非华盛顿莫属。

但对金灿灿的王冠，具有民主共和思想的华盛顿半点也没动。他立即给这位部下写了回信。信中说："我认真阅读了你要我仔细阅读的意见，感到非常意外和吃惊……如果你重视你的国家，关心你自己或子孙后代，或者了解我，那么，我恳求你，从你的头脑里清除这些思想，而且决不要让你自己或者任何别人传播类似性质的看法。"就这样，华盛顿严词拒绝要他当美国国王的呼吁。一年多后，华盛顿自动辞去大陆军总司令的职务，解甲归田，隐居在自己的庄园里。

华盛顿以拒当国王的行动，维护了共和制，迈开了创建民主共和制国家试验的坚实的第一步。1789 年，华盛顿当选为总统。此时的华盛顿在给妻子的信中写道："你应当相信我，我以最庄严的方式向你保证，我没有去谋求这个职位，相反，我已经尽我所能竭力回避它，除了因为我不愿意与你和家人离别，更重要的是，因为我自知能力不足，难以胜任此重任。我宁愿与你在家中享受天伦之乐，这比我在异乡呆 49 年所能找到的欢乐要多的多。既然命中注定委任于我，我希望能够通过接受此任为实现某崇高的目的。我将充分依赖上帝，他一直在保佑和厚待我……"

华盛顿这样一个对美国做出过巨大贡献的人都能够以淡然平和的心态面对人生的功名利禄，这种淡然处世的态度是很多年轻人无法企及的。年轻人在社会上打拼，所要面对的利益诱惑多如牛毛，怎样在这个繁华的世界中找到自己的位置，找到自己内心的平静，是值得每一个年轻人深思的。

现代社会的年轻人，太多的时候会被世上的名利、金钱、物质所迷惑，心中只想得到，只想将喜欢的统统收归己有，于是心中就充满了矛盾、忧愁、不安，心灵上就会承受很大的压力，以至于活得很累。在高速度、快节奏、多关联的现代生活中，人们失去了往日的悠闲，精神上高度紧张。万千讯息奔来眼底，瞬息万变的事物需要及时处理。快节奏生活可能训练出快速机敏、准确反应的应变力，却往往失去了哲人式的恬静深思的大脑。

《湖滨散记》的作者梭罗，为了要写一本书，而去森林中度过两年的隐士生活。自己种豆和玉黍为食，摆脱了一切剥夺他时间的琐事俗务，专心致志，去体验林间湖上的景色和他心灵所产生的共鸣。从中发现许多道理，而完成了这本名著。

他认为："一个人越是有许多事能够放得下，他越是富有。"他悠然地说："我最大的本领是需要极少"，"我爱给我的生命留有更多的余地"。生命在他手中支配得游刃有余。与此相反，一些拥有大量金钱的富翁，却被自己的黄金"焊"在某个高位上动弹不得。梭罗不无怜悯地说："我心目中还有一种人，这种人看来阔绰，实际上却是所有阶层中贫穷得最可怕的。他们固然已积蓄了一些闲钱，却不懂得如何利用它，也不懂得如何摆脱它，因此他们给自己铸造了一副金银的镣铐。"位高自囚，富极如贫，事物常常是这样两极相通。

的确，能够做到放下功名利禄而追求生活本质的人寥寥可数，功利、名誉对于人的诱惑实在太大，能够抵挡住诱惑的人没有极高的定力是不行的。对于初入社会的年轻人来说，追求美好的生活并没有错，生活并不主张每个人都看破红尘，追求自己的理想，努力实现梦想，勇敢开拓自己的人生是应该的，只是千万别让自己成为"虚荣的囚徒"，或者用"金银的镣铐"绑住自己。

淡然处世的心态，是一个年轻人志向远大、信心坚定、性格豁达的综合体现。年轻人拥有淡然处世的心态，就可以避免患得患失，急躁迷惘，成功时你可以欣赏自己的努力和勇气，失败时你可以从中获得经验和教训。学着减少一些欲望，增加一分淡然，坚持用自己的生命方式诠释生活的价值，那么，你的人生终会有甜美而丰硕的收获。

别用输赢衡量人生

我们生活在这个世界上，从小就被教育"要有理想有抱负，要做一个成功的人”，然而人生真的有输赢之分么？那些功成名就之士的人生就是成功的，平凡普通的人生就是失败么？当然不是。人生的输赢是相对的，关键还要看自己怎样去看待，每个人的追求不同，目标不同，活着的意义也不同，因此不要把输赢看作是衡量生命质量的标准，生命的重量也不是任何一杆秤可以称得出来的。

年轻人在社会上打拼，无论从事着何种职业，无论是顺利成功还是苦苦煎熬，都是一种独特的人生经历，只要能够做自己喜欢的事，保持对生活的热情，快乐的生活，那么即使平淡一生，也是幸福的。一个人为了自己的事业和理想拼搏，本身就是值得人们为之喝彩的，在这种精神之下，输赢已经显得不是那么重要了。

2008 年北京奥运会是举世瞩目的一次大型体育运动盛会，由于是东道主，中国运动员的表现自然受到千万国人的关注与期待。在所有人都期待雅典奥运会冠军能够再一次完成奥运首金的壮举时，杜丽却失败了。8 月 9 日晚，当奥运村笼罩在兴奋、祥和中的时候，杜丽悄然离开。那个夜晚，在运动员宿舍自己的房间里，杜丽除了哭就是哭。随后的几天杜丽更是坚决不出门。“怕别人认出我来。”杜丽很害怕。

“我不想打了。”从那一刻开始，压力下的杜丽无法承受，她不断地说出这样的话，就在 8 月 13 日，步枪三姿比赛的前一天，杜丽训练状态又不是很好，她又想到了放弃。教练王跃舫无疑是最着急的人，“想想当初选拔上的高兴心情，现在机会来了怎么能放弃呢？不管前面怎么样，我们还要努力，想看五星红旗升起，那咱们拼进前三名就可以了。”后来不断有观众、志愿者、记者给杜丽送来祝福和鼓励的卡片。报纸上，理解杜丽的文章成为主流；互联网上，宽容杜丽的呼声一浪高过一浪；现实中杜丽也不断得到各方的支持，杜丽终于放下了心里沉重的包袱，放下了失败带来的痛苦，重新走向射击场，在 14 日的射击比赛中拿到了奥运金牌。

赛后记者问杜丽如何摆脱失败的阴影重回最高领奖台的，杜丽说："其实前几天我的心态一直放得比较好，我觉得首金不首金都无所谓，因为对运动员来说能够参加奥运会已经是很不容易了，经过了层层的选拔。但是到了后面，国人的期盼、各界给你的帮助，杜丽你需要什么我们都来帮你完成这个(夺首金)愿望。到了后面，好像不仅是自己一个人在比赛了，而是为别人了，因为有太多人帮助我了，如果打不好就感觉好像是对不起他们，辜负了他们。当时打之前那几天没有电话，对着天花板在想，如果我打好会怎样打不好又会怎样？当时感觉把那股火，把斗志给逼出来了，最后我也没有想过为什么跪射会打得那么好，真的已经是很棒很棒了。"

杜丽最后成功了，她克服了自己心中的阴影，成为了中国人的骄傲，然而即使她并没有夺得金牌，想必大家也不会对她有任何看法，毕竟不能靠一次比赛的成绩来给一个人定性。在这样一个物欲横流的社会，年轻人很容易把输赢与否当成一个人是否成功的标准。以输赢论成败的人生，犹如一个巨大的赌局，在这场赌局中，谁也不能成为永远的赢家，谁也不可能永远做输家。有些人在赢的时候，自然会春风得意、激情飞扬，而输的时候也难免失魂落魄、一蹶不振。这种人的得失心过重，很难得到真正的快乐。

有些年轻人由于不能用一个很好的心态来面对人生中的"输"，一旦遇到一些经济上的，生活上的或者情感上的挫折和失败，就会被击倒在地，整个人都变得萎靡不振、思想颓废。而那些不看重输赢成败，只在乎生活本真的人，他们会平静地接受现实，放下失败带来的不良情绪，把失败当作锻炼自己的机会，以更加积极的心态再次迎接挑战。

年轻人在社会上打拼，不可能一帆风顺、事事如意，面对生活中的得与失，工作上的成与败，要用一种豁达的心态去看待。年轻人如果能拥有一个达观的心境，便超然脱俗不为世事所累，不以成败论英雄，不用输赢定人生，用一种达观的态度看世界，你将收获更多的精彩！

真诚做人，简单生活

年轻人步入社会，多少会有些迷惘，看着身边的人勾心斗角，品味着人生的世态炎凉，多少的不尽人意逼迫着自己也开始处心积虑地生活，然而结果却发现自己得到的除了身心俱疲外，依然是两手空空。

年轻人，学着活得简单一些吧，用自己真实的一面对待生活，让自己保持心灵的简约与宁静，不世故、不虚伪、不自欺欺人；让我们以本色示人，从容生活，在繁杂的世界中保持内心的平静，让简单而随性的生活洗去心灵的污垢，让那些心灵的累赘和种种不舍离我们远去，让年轻的心回复到如白开水般纯净的状态，让我们做一个简单的人，简单地生活。

从前，一个和尚因为耐不住佛家的寂寞就下山还俗去了。不到一个月，因为耐不得尘世的口舌，又上山了。不到一个月，又因不耐寂寞又下山了。如此三番，老僧就对他说，你干脆也不必信佛，脱去袈裟；也不必认真去做俗人，就在庙宇和尘世之间的凉亭那里设一个去处，卖茶如何？

这个还俗的人就讨了个小娘，支起一小茶店，在山上和山下之间尽享自己的悠然和自在。

年轻并不代表幼稚，同理简单做人也不能说明你不懂世事，那些讥笑你单纯，讽刺你天真的人很难懂得这其实是在经历了人生风风雨雨后对生命更高层次的思考和评价，是一个年轻人对自己人生价值一个全新的阐释。

年轻人在社会上行走，被复杂的人和事压得疲惫不堪，虚荣、欲望等心灵的桎梏成为你痛苦的根源。

因此，对于简简单单的人来说，一颗平常心是年轻人为人处世的法宝。

一天，山中老虎大王要出远门，想来想去，最后把猴子叫来，说："我出门在外的时候，山上的一切就交给你来掌管吧！"

猴子平时在山上游荡惯了，到处攀爬，和其他猴子一起嬉戏，一时间要做代理大王还真是找不到感觉。这只普通的猴子开始想办法，揣摩老虎威风凛凛的心理，模仿它的神态和举止，提高嗓门，尽量让自己显得威严庄重。猴子真的很聪明，不久它真的像大王了，因此以前和它一起玩耍的猴子都对它敬重有加，甚至诚惶诚恐。它自己也特别满意，感慨地说："做大王真过瘾！"

过了一段时间，老虎回来了。猴子又开始苦闷起来，自己毕竟还是猴子，可是它怎么努力也难以恢复到以前。它的同类开始讨厌它，因为它还是一副大王的架子，甚至对它们颐指气使，在它们面前喜怒无常。

平凡的猴子痛苦地对同伴说："你们为什么就不能对我尊敬些呢！毕竟我也是做过大王的！只是恢复到平常太难了，我看，你们是不可能理解的！"

一只小猴子天真地说："可是你说这句话的时候还像大王呢！"

年轻人很容易像这只代理大王的猴子一样，身居高位时颐指气使，因为一时的风光就得意忘形，失意后又很难调整心态的平衡，最终受累的还是自己的心。所以说作为一个年轻人，不管现在多么成功，都要保持一颗平常心。俗话说:“布衣暖,菜根香。”年轻人最难能可贵的就是在辉煌的时候,仍然保留着质朴、谨慎和求实的精神。

冷静地处世,淡泊于功利,消减欲望,这些说来容易,于我们平常人其实很难。年轻人步入社会,善良单纯的心思渐渐变得复杂了、暧昧了、虚伪了、冷漠了、太过牵强了,于是,一切都变样了。

哲人说,天下本无事,庸人自扰之,虽然社会中的种种人和事让某些人变得世故和虚伪,但对于简单生活的年轻人来说,他们要让自己从繁忙的生活中,从扑朔迷离的社会中走出来,然后心平气和地对待生活。

年轻人要学会简单生活,就不必过分在意他人的评价,就像太阳不会因为人们的谴责和赞叹而改变自己的轨道一样。

年轻人要学会简单生活,用心阐释现实生活词典中那些最伟大的词汇:真情、爱、幸福、快乐、希望。有时候这一切仅只在一个浅浅的微笑,一句简短的问候,一次及时的抚慰中就得到体现。

年轻人要学会简单生活,懂得享受现在的生活。会享受就是要爱自己,就是要对自己好一点。会享受,就是要提升自己生命的质量。既然无法改变生命的长度,那就去努力拓展生命的宽度,努力挖掘生命的深度。

年轻人要学会简单生活,只看重自己所有的,不看重自己没有的。哲人说,人类的痛苦几乎大半都是来自于比较,将自己和周围的人比较,不管是强或弱、优或劣,都会严重困扰着人们。所以简单生活的年轻人都有一颗知足而不满足的心,从不让自己在愚蠢的比较中失去内心的平衡。

一个能简单生活的年轻人,能够抛开自私自利,我执我见,洗净心灵的积垢,保持心灵的简约与宁静,不为纷繁所扰。让自己从繁琐的生活中,从扑朔迷离的关系中走出来,享受真实生活的简单与幸福吧。

摆脱欲望的枷锁，享受真正的快乐

现代社会很多年轻人为了满足内心的欲望，为了追求一夜成名，为了能够享受到权利和名气带来的好处，绞尽脑汁、用尽手段、不计后果地做一些损人利己的事，可是结果却未必如自己所想。俗话说得好："要想人不知，除非己莫为。"想要让自己的劣迹消失在空气中那是不可能的，生活是公平的，你付出多少心力就会给你多少收获；投机取巧，夺取他人的成果，这种行为，这样的人是会被人们唾弃的。

在我国唐朝时期，有一位名叫宋之问的诗人。这位诗人曾经写下很多脍炙人口的优美诗句，诸如"近乡情更怯，不敢问来人"、"桂子月中落，天香云外飘"、"明月的寒潭中，青枯幽幽吟劲风"等。宋之问创作的美文佳句流传至今，可是他的品行却一直以来都遭人议论。关于宋之问品行不够高洁的说法，有这样一个流传较广，影响较深的故事。

宋之问有一外甥，名叫刘希夷。刘希夷在当时也是一位很有才华的年轻人，甚至有人断言：如果勤加学习，刘希夷今后在诗坛的地位一定会超过他的舅舅。刘希夷的确十分用功，他饱读诗书，认真学习，而且还经常用心去揣摩一些诗文。

有一次，刘希夷写了一首诗，自己感觉还不错，于是拿到宋之问家中，希望能够得到舅舅的指点。这首诗名叫《代悲白头吟》，当宋之问看到"年年岁岁花相似，岁岁年年人不同"这两句诗时，禁不住连声叫绝，并且反复诵读品味，越品越觉喜爱和不舍。当得知这首诗还未曾有其他人阅过之时，宋之问便与外甥商量，想让外甥将这两句诗让给自己。可是，刘希夷也是一位爱诗如命的人物，况且这两句又是全诗中最能表达意境的诗句，他十分清楚，如果去掉了这两句，那么整首诗就会失去意境，从而无法达到自己预期的目的。因此，刘希夷没有答应舅舅的要求。

可是那两句诗实在令宋之问喜爱和着迷，他知道，如果这首诗一经面世，哪怕是仅凭“年年岁岁花相似，岁岁年年人不同”这两句，一定会引起很大反响，创作此种佳句的人一定会名扬天下。宋之问一想到这些，便更加想要将这两句诗据为己有。后来，他终于没能克服对名声欲望的追求，派人去将刘希夷害死了。

“要想人不知，除非己莫为”，这件事情后来被人们所知，宋之问被皇帝处死，人们都拍手称快。宋之问这样一位有着过人才华，并且已经有了显赫名声的大诗人最终因为自己过于贪婪的欲望而受到了应得的惩罚。

宋之问真是愚蠢之极，为了两句诗词不惜残害一个鲜活的生命，一个有着过人才华的诗人，在名利面前却迷失了自我，可悲可叹。人类的贪欲真是害人不浅，年轻人一定要谨记生活的本真，不要让欲望控制自己，任何功名利禄都是一时的，始终会有过去的一天，即便你拥有了一生享用不尽的荣华富贵，也不过只有百年的寿命，何苦让自己陷在欲望的泥潭中不能自拔呢？

人生一世，草木一秋，只不过是一个来去匆匆的过客。名和利，都是过眼烟云，是身外之物，生不带来，死不带去，一生为名利所累，实在是本末倒置。年轻人要记住，在追求理想与希望的同时，要时常锻造自身的品质，提升内在修养，“鱼和熊掌不可兼得”，只有学会放下内心的贪婪和欲望，才能享受到人生真正的幸福与快乐，才能得到心灵的片刻宁静。

春秋末期的政治家、军事家和实业家范蠡，就是一个淡泊名利的人，他的聪明才智和视功名如粪土的明智，就表现在他辅佐越王勾践灭吴后的激流勇退中。当他很冷静地看出勾践只可共患难，不可共享富贵，于是飘然离去。当初他来就不是为了名利，可惜文种没有听他的话，勾践让他上天去给父王献计去了。范蠡最传奇的故事是在他离开越国之后，乘船从海上漂到了齐国，本想安安生生做个老百姓，可他赚钱的本事实在了不得，很快就家藏千金了。齐国人一看，原来是大名鼎鼎的范蠡，于是请他做了一阵官以后，范蠡说：居家则致千金，居官则致卿相，此富贵之极也，久之，不祥。于是散尽家产，把相印挂在城门上，搬了家，如此这般，搬了三次家，最后居于陶。大约在现在山东和河南交界处可谓交通要地，商业发达。后来范蠡老了，不再问事，他的儿子们舍不得散去家产，以致越来越富，后世有人以陶朱、猗顿并称以示富贵之极。范蠡自称朱公，只是猗顿的财富是靠权势搜括来的，而范蠡的却是靠本事挣来的。

范蠡的故事告诉我们，只有坦然放下功名，放下对权力的欲望，用自己的聪明才干去打拼，才能在获得成功的同时得到快乐和真实的成就感。那些过于看重功名的人，功名会像一座大山一样紧紧地压负在他们肩上；那些把最大利益作为毕生追求目标的人，终将会因为一点点的浮利而失去做人的根本。欲望就像一个无底的陷阱，当人沉入这个无底的陷阱之时，必将为自己的贪婪和愚蠢付出巨大的代价。

人生的意义，在于尽力发挥自已所长，向自己内心去发掘，去充实，去磨炼，且在发掘、充实、磨炼中，享受宽舒和美丽的人生乐趣。而不能放弃过多欲望的人，终将为自身的欲望所累。面对贪婪的欲望与心灵的宁静，面对富贵在身罪恶感却在心的生活和自己打拼的快乐，每个人都应该清醒地做出选择，这是生活给每个人的必修课题，而年轻的你如何取舍，想必心中已经格外清明了！

面对现实，适合自己的才是最好的

每个人年轻的时候都充满了激情，充满了对生活的向往，即便无法成就自己的梦想，也对“大人物”、“大英雄”的传奇人生充满了向往。不少年轻人喜欢追求刺激，喜欢挑战新生事物，这没什么不好，多了解一些东西，多一些经验和阅历，对一个人以后的人生是有好处的。然而如果过分执著于此，对于人生的利益得失看得过于重要，总是沉浸在对自我的幻想中，你不仅会错过人生许多真正的美好，也会因为不切实际而受到生活的冷落。

有一个人，干什么事都喜欢占小便宜，在花钱买东西时更是如此。

一次，这个人和朋友一起去买衣服和鞋子。他来到商场后，告诉营业员为他拿最大号的衣服和鞋子。营业员问他：请问先生您是给自己买，还是要送给别人?”他回答说：“当然是给我自己买，我为什么要买这些东西送给别人呢?”营业员微笑着说：“我看您身材适中，穿中号衣服应该就可以了，如果穿大号的话就会显得您整个人看起来不太精神。鞋子更是要大小合适穿着才舒服，您的脚应该没有那么大吧？我帮您拿一双 25 号的鞋，您试一下，看看合适不合适?”

听到营业员的话以后，这人仍然不改初衷，执意要最大号的衣服和鞋子。朋友和这人走出商场以后，觉得这人的做法十分奇怪，于是便好奇地问道：“为什么要买这些不合身的衣物呢?”结果这人回答：“既然大小号都是一样的价钱，为什么不买大一些的呢?”

这个人几乎一生都没有穿过合身的衣服和合脚的鞋子，总是穿着一身超肥超大的衣服和一双又肥又大的鞋子在人群中不停穿梭。他只在乎衣物的用料是否最多，却不考虑自己穿着是否舒适。

这种喜欢贪小便宜的人，不考虑自己的实际情况，一味地追求利益最大化，真是可笑至极。很多年轻人活得很潇洒，很少去在乎这些蝇头小利，对于这种爱贪便宜的人肯定会嗤之以鼻，然而如果我们仔细想一想，在现实生活中，追求一些不适合自己的东西的人也着实很多。比如高考考生，不考虑自己的成绩，执意要报考热门学校的热门专业；比如大学毕业生，不衡量自身能力，一味往前500强企业挤，或者明明很有能力，为了有个稳定的工作，甘愿在某些国有单位做着简单无聊的工作；又或者明明对投资、管理一窍不通，却偏要自己创业……这样做的结果不用说就可以预见。不切实际的行为，对生活而言是一种怠慢，对自己而言是对生命的浪费。

年轻人要切记：不论什么样的鞋子，合脚最重要；不论什么样的生活，适合才算好。放弃那些不切实际的幻想和行为，学会面对现实，学会选择适合自己的工作、适合自己的生活。这样你付出之后才会有收获，你努力之后才会有结果。

有个地主去拜访一位部落首领，想要一块领地。首领说，你从这向西走，做一个标记，只要你能在太阳落山之前走回来，从这儿到那个标记之间的地都是你的了。太阳落山了，地主没有回来，因为走得太远，他累死在路上。由于地主有奢侈的欲望，有机会得到一块土地，由于贪心，土地没得到反把性命丢了。人的欲望是无法满足的，而机会稍纵即逝；贪欲不仅让人无法得到更多，甚至连本来可以得到的也将失去。

这个贪婪的地主本来得到了一个很好的机会，他可以不花费一点金钱便可得到大片的土地，然而他妄想得到更多，只是一直向更远处走去，却不曾考虑，自己的身体能否承受如此长距离的疲累。

懂得面对现实，从现实出发去做每一件事，是人生的一种智慧。一味地追求高速度和高效益，也许并不能达到预期的目标，反而会适得其反。生活犹如爬山，你的周围是群山峰峦，有陷阱有野兽，然而你依然要前进，只是在危险面前，你是否要考虑自己能否战胜对方？是否可以选择一条别人开辟过的路前行？一个人只有在了解了自身条件，并且能够清楚认识社会现实的人，才能够安然度过一生，否则你面临的人生坎坷，将比他人多很多。

年轻人不要急于向前奔跑，适时地反思下自己，不要让自己犯“捡了芝麻丢西瓜”的错误。如果你的能力只够捡起芝麻，就不要费尽心思幻想着拾起西瓜的喜悦，因为那对于你来说，是不适合的，不现实的，还是踏踏实实地为自己积攒足够多的芝麻吧！

追名逐利，负累一生

现代社会竞争激烈，生活的压力使得很多年轻人不堪重负，曾经的梦想和执著似乎早已抛之脑后，在大环境的熏陶下，对金钱、权利、名誉、地位的追求超过了一切。很多年轻人因为找不到理想的工作，赚不到足够的生活费而走上了轻生的道路，很多年轻人因为受不了一时的屈辱和惊吓操起了报复的利刃。造成这种局面的原因，就是这些年轻人太看重一些东西。人生在世，追求梦想，追逐名利，难免落得患得患失、疲于奔命的下场。此刻他们最需要的，不是金钱和权利，不是名誉和地位，而是一种平和的心态。

有一首歌唱得好，“人生本来就是一出戏，恩恩怨怨又何必太在意，名和利，什么东西？生不带来死不带去”。的确，人生在世，富贵如浮云，学会放下对名利的追求，才能过得轻松快乐。

古代有一个王国，国王刚刚登基，外族都不臣服，经常犯边滋扰。于是国王召开会议，决定用武力使四夷臣服，进而安定边疆。

国王做好决定就颁布诏书，民间若有肯为国出力者，皆有重赏。不出十天，有三个年轻人应召而来。高个子的叫若木，善骑术；矮个子的叫宾蒂，善射术；中等个的叫天定，善于谋略。国王择日让他们三个带领大军开赴边疆了。

日子不多，边疆的喜讯不断传来，三个年轻人屡建奇功。一个月以后，边疆得到了安宁，四夷全都臣服。得胜之师回到都城，国王要给将士论功行赏。

国王对三个年轻人说：“有什么要求尽管说！”

若木说：“我要做大将军，为陛下镇守边关！”

宾蒂说：“我要做尚书，替陛下分担国事！”

天定却说：“我一不当官，二不领兵，三不要钱。我只希望陛下能赐我一群牛羊和一块牧场！”

国王很惊诧，不过还是一一满足了三个年轻人的要求。

过了若干年，天定正在牧场上吹着笛子，欢快的牧羊的时候，消息传来，若木和宾蒂因为权势熏天，遭到了皇帝的猜忌，全都被陷害入狱了。

天定的聪明之处在于对事情本质的认识更加透彻，一个为国家立下赫赫战功的人，要求一个位高权重的职位本身没有错，然而自古以来的君主对自己权利的稳固性都很看重。对于那些功高盖主、势力熏天的人，必然心有余虑，早晚会处之而后快。因此，回家牧羊的天定用舍弃官职和荣华来表露自己的衷心,也逃过了一场大劫难。

天定的选择从另一个角度来说也是十分明智的。人活一世能够记住的快乐日子,能够享受到的生活,都是在平凡的日子里与家人共同进退的日子,哪怕吃糠咽菜,哪怕疲惫辛苦,可内心是愉悦满足的。每个人能够享受到的东西不会超出自身的承受能力,过多的追求对于一个年轻人来说反而是一种负累。学会看淡名利,豁达地看待人生,可以免去精神上的许多痛苦,真正做到笑看人生。而笑看人生才能给人以恬淡、宁静的生活氛围,才能在平淡中寻找到快乐,才能在宁静中制造浪漫。这才是至高至上的生活方式。

当代大学者钱钟书,终生淡泊名利,甘于寂寞。他谢绝所有新闻媒体的采访,中央电视台《东方之子》栏目的记者,曾千方百计想冲破钱钟书的防线,最后还是不无遗憾地对全国观众宣告:钱钟书先生坚决不接受采访,我们只能尊重他的意见。

20 世纪 80 年代,美国著名的普林斯顿大学,特邀钱钟书去讲学,每周只需钱钟书讲 40 分钟课,一共只讲 12 次,酬金 16 万美元。食宿全包,可带夫人同往。待遇如此丰厚,可是钱钟书却拒绝了。

他的著名小说《围城》发表以后,不仅在国内引起轰动,而且在国外反响也很大。新闻和文学界有很多人想见见他,一睹他的风采,都遭他的婉拒。有一位女士打电话,说她读了《围城》想见他。钱钟书再三婉拒,她仍然执意要见。钱钟书幽默地对她说:“如果你吃了个鸡蛋觉得不错,何必要一定认识那只下蛋的母鸡呢?”

1991 年 11 月,钱钟书 80 华诞的前夕,家中电话不断,亲朋好友、学者名人、机关团体纷纷要给他祝寿,中国社会科学院要为他开祝寿会、学术讨论会,钱钟书一概皆辞。

钱老淡然处世的态度很让人敬佩,他自始至终都知道自己该做什么,想做什么。反观现在的很多年轻人,稍有几分文采便开始卖弄,发表几篇文章就要大肆宣传,最后把时间都放在了应对记者采访和出席各种活动上面,真正用来创作的时间越来越少,当然,也很难再创作出受到大家喜欢的作品。

任何一个人,不管年轻还是年老,不论平凡还是伟大,想要继续在自己的专业领域有所建树,就要抛开外界对自己的拖累和束缚,专心致志地做自己的学问,而钱老也正是因为能够心无旁骛地专研自己的创作,才成为了一代文学大家。

《圣经》上说:你出自尘土,必归于尘土。既然一切皆空,如此,我们来到这个世上,不妨做做主人,且要做一回大度的主人,不必因计较得失而设计最美的行程。这样,即使将来归于尘土,也坦然自若。

平淡的日子不会永远平淡,只要怀有淡泊的心境和一生一世永不放弃的追求,定能获得生活馈赠的那份欢乐和成功给予的那份慰藉,谱写出生命中最璀璨辉煌的乐章。

从容淡泊,不忘生命真谛

有一个人觉得生活很沉重,便去见哲人,寻求解脱之法。哲人给他一只篓子背在肩上,指着一条沙砾路说:“你每走一步就捡一块石头放进去,看看有什么感觉?”那人照哲人的话做,哲人便到路的另一端等他。过了一会儿,那人走到了头。哲人问:有什么感觉?”那人说:越来越觉得沉重。”哲人说:“这也就是你为什么感觉生活越来越沉重的原因。当我们来到这个世界上时，每个人都背着一只空篓子。如果我们每走一步都要从世界上捡一样东西放进去，而不知剔除那些赘繁无用的东西，那么，就难免会产生越走越累的感觉。”

是的，人生时赤裸裸地来，去时赤裸裸地走，生命中的一切物质享受都是一种负累。很多人做事往往本末倒置，说追求物质的丰富是为了家人更好的生活，家人生活的快乐，自己才能幸福，而实际上一个人一旦开始把物质作为自己追逐的目标，很容易就把家人抛之脑后了。

年轻人在外打拼，心里记挂着父母亲人，可是远在他乡，能为父母尽几分孝道呢？财富多了，却每天要为保障事业的正常运转而奔忙，又有几天是在享受天伦之乐呢？人们妄想用财富来赢得幸福，却忘记了收获一分就要付出比一分更多的时间和心力，你把时间、心力都用在追求物质生活了，精神需求该如何满足呢？这不是缘木求鱼么？

所以说，当你享受着奢华的物质生活时，当你高高在上的感受着人们对你的羡慕和敬仰时，你却很难了解，作为一个平凡人有多么的快乐，其实平凡才是生命的真谛。

有位年轻人在岸边钓鱼，旁边坐着一位胡须花白的老人，也在钓鱼。两个人坐得很近，奇怪的是老人总有鱼儿上钩，而年轻人一整天都没有收获。

年轻人终于沉不住气了，问老人：“我们两人的钓饵相同，地方也相邻，为什么你能轻易地钓到鱼，我却一无所获？”

老人一笑，从容地答道：“你是在钓鱼，我是在垂钓。你钓鱼的时候，只是一心想得到鱼，目不转睛地盯着鱼儿有没有咬住你的鱼饵，所以你看见鱼不上钩就心浮气躁，情绪不断发生变化，鱼儿都被你的焦躁情绪吓跑了。我呢，我是在垂钓，垂钓跟钓鱼不一样，我垂钓的时候，只知道有我，不知道有鱼，鱼来我也不喜，鱼去我也不忧，我心如止水，不眨眼，也不焦躁，鱼儿感知不到我，因此也没必要逃跑。”

老人的话很值得年轻人深思，不懂垂钓的人紧盯住鱼饵，一心想要鱼儿上钩；懂得垂钓的人只是安静地坐着，不对鱼儿做任何他想，这两种人有什么不同呢？他们最大的区别就在于对垂钓的态度。老人垂钓是享受一份淡然、平静的生活，是在用心感受生命，而那个年轻人却把得到一条鱼作为目标，既然如此何必垂钓，用渔网多好，或者去市场里买不是更方便么？

老人的淡泊和对生活的理解是值得每一个年轻人学习的。淡泊是人生的一种坦然，坦然面对生命中的得失；淡泊是人生的一种豁然，豁然对待人生中的进退；淡泊是对生命的一种珍惜，珍惜眼前从不好高骛远。淡泊可以使你真正地享受人生，在努力中体验欢乐，在淡泊中充实自己。

拥有淡泊的人生是幸福的，淡泊使人心更加宁静，更加自由，没有羁绊。淡泊是不慕名利，远离喧嚣和纠缠，走向超越。淡泊是在遭受挫折时仍有与花相悦的从容，淡泊是别人都忙于趋本逐利时仍然保持恬静。

年轻人要学会用一种淡泊的心态看待生活，在工作和学习之余，多一份清醒，多一份思考。人生在世，往往不会一帆风顺，有进有退，有荣有辱，有升有降，有高潮，也有低谷。如果我们认识到平淡是真的道理，在任何时候都会保持心理平衡，作出明智地选择。

很多时候，生活中的所谓枷锁是我们自己套上的，没有人强迫你必须要选择怎样的生活，你完全可以卸下沉重的面具，放开你的心，尽可能让自己享受最大限度的自由，在力所能及的情况下按照自己的意愿精彩地生活。年轻人要牢记精神的升华、思想的提高、内心的愉悦才是生命中最值得追求的东西，千万不要为了一时的享乐而舍弃生命的真谛！

果断放手才能迎来新生

每个生活在这个世界上的人，都会有大大小小的烦心事，包括工作、学习、感情、婚姻中的烦恼等，有些人执著地追求着，虽然已经疲惫不堪就是不肯放手，似乎是不达目的不罢休。坚持固然是好的，但是盲目地坚持却是不可取的，明明知道是没有出口的路，为何不能转个弯，换条路呢？

有一位心理学家曾在一艘开往檀香山的轮船上，做了一次心理改造实验。他建议一些心烦气躁的人到船尾去，设想已把所有烦恼的事情全都丢进海中，并且想象自己的烦恼事正淹没在白浪滔滔的海里。

后来，有一位乘客来告诉他说："我照着你所建议的方法做后，我发觉我的心里真是舒畅无比。我打算以后每天晚上都要到船尾去，然后把我烦恼的事一件一件地往下丢，直到我全身不再有烦恼为止。"

这位乘客遇到心理学家，学会了一种排解烦恼的方法，他是幸运的。面对生活中的琐事，很可能在别人的帮助下很容易就放下了，然而面对感情，年轻人却总是当局者迷，即使已经无法挽回的爱情，也迟迟不肯撒手，徒然浪费时间，折磨自己。

有一位男士和女友经常为一些鸡毛蒜皮的小事争吵，渐渐地两人之间便产生了裂痕。明知相处已无意义，可谁也不忍提出分手。为此，双方痛苦不堪。

那天，这位男士去拜访一位心理学教授。教授听完他的讲述，微微点了点头，起身从卧室找出一个空花瓶，将一个橘子丢入其中，让他将手伸进去把橘子拿出来。结果，手伸进去了，橘子却拿不出来。因为瓶口比抓住了橘子的拳头要小。

“怎么样，拿不出来吧。你想抓住橘子，橘子也借瓶口套牢了你的手。若你松开它，你的手怎样伸进去的，还能怎样出来。现在，你和你的女友已经无法和睦相处了，你还想抓住她，结果，你把自己也囚禁了，如果你能再理智一些，趁早放手，不仅放开了她，你也可以放开自己了。”教授意味深长地说。

两个人相爱，本是一件愉快的事，相爱的两个人就像跷跷板的两头，要均匀用力，才能一上一下欢快地摆动，如果一方不再用力，或者两方都用力过猛，那么也就失去了跷跷板的乐趣。互相牵制的两个人把一个跷跷板变成天平的时候，其实爱情已经变了质。与其在一份变质的爱情中痛苦，为何不果断地放手，去寻找另一块适合自己的跷跷板呢？

生活就是有高有低，有容忍有让步才会有感情有乐趣，两个人在一起彼此牵制得筋疲力尽，这是比分手更大的伤害。该放手时就放手吧，死死纠缠也不会有好的结果，任何事情都有它的发展轨道，这并不是因着你的几次努力维持就能改变的，当对方的眼中不再有你，当你的一举一动都变得碍眼和多余时，你的任何努力都是徒劳的，此时唯有放手，才是最明智的选择。就像花瓶中的手，唯有放下橘子，才能顺利拿出来。

参考文献

[1] 宿春礼,熊永鑫.性格决定命运全集[M].哈尔滨:黑龙江科学技术出版社,2007.

[2] 吴淡如.性格决定幸福[M].南昌:21世纪出版社,2008.

[3] 吴维库. 阳光心态[M].北京:机械工业出版社,2006.

[4] 李欣频.十四堂人生创意课[M].北京:电子工业出版社,2008.

[5] 李开复.做最好的自己[M].北京:人民出版社,2005.

[6] 金韵蓉. 幸福女人的芳香生活[M].北京:中信出版社,2005.